高等职业教育装备制造类专业系列教材

Altium Designer
电路设计与制作

Altium Designer DIANLU SHEJI YU ZHIZUO

主　编　王　徽

副主编　郑小梅　赵　方　李　博

　　　　葛丹凤　常　明

参　编　魏　强　刘　鑫

U0410658

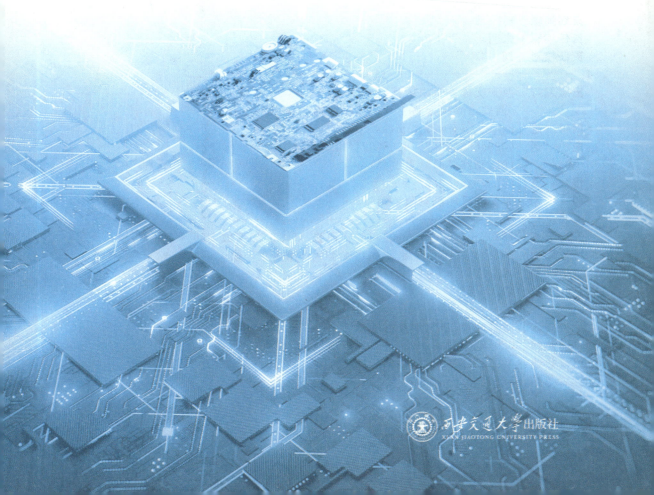

西安交通大学出版社
XI'AN JIAOTONG UNIVERSITY PRESS

图书在版编目(CIP)数据

Altium Designer 电路设计与制作/王徽主编.
西安：西安交通大学出版社,2024.9. --(高等职业
教育装备制造类专业系列教材). -- ISBN 978－7－5693
－3883－6

Ⅰ. TN410.2
中国国家版本馆 CIP 数据核字第 20248UR623 号

书　　名	Altium Designer 电路设计与制作	
主　　编	王　徽	
策划编辑	杨　璠	
责任编辑	张明玥　王玉叶	
责任校对	魏　萍	

出版发行　西安交通大学出版社
　　　　　（西安市兴庆南路 1 号　邮政编码 710048）
网　　址　http://www.xjtupress.com
电　　话　(029)82668357　82667874(市场营销中心)
　　　　　(029)82668315(总编办)
传　　真　(029)82668280
印　　刷　西安五星印刷有限公司

开　　本　787 mm×1092 mm　1/16　印张　15.75　字数　356 千字
版次印次　2024 年 9 月第 1 版　　2024 年 9 月第 1 次印刷
书　　号　ISBN 978－7－5693－3883－6
定　　价　49.00 元

如发现印装质量问题,请与本社市场营销中心联系。
订购热线：(029)82665248　(029)82667874
投稿热线：(029)82668804
读者信箱：phoe@qq.com

前　言
Foreword

Altium Designer 是当前电子设计最常用的工具之一,以 Altium Designer 为工具进行原理图设计、PCB(printed circuit board,印刷电路板)设计是高等职业教育(后简称"高职")电子信息类专业不可或缺的一门实践性课程,也是职业院校技能竞赛、电子类"1+X"职业技能认证考核的重点技能之一。

随着电子工业和微电子设计技术与工艺的飞速发展,电子产品功能越来越多、速度越来越快、体积越来越小,面对越来越高的电子设计需求,Altium Designer 也在不断更新,Altium Designer 21 及之后的版本与之前应用广泛的 Altium Designer 16 相比有了较大的改变,功能也有了较多更新调整,但是目前出版的介绍新版本的书籍很少,且其中大部分专业技术性太强,不适合高职学生入门阶段的学习。

传统的教材多注重内容的系统性和全面性,而实践类课程更应注重实用性。基于此,本书采用活页式教材形式,结合作者多年教学和企业工作经验,以职业岗位分析为依据,以"实用为主,够用为度"的原则从高职电子类专业涉及的电路中精选案例进行实操方法的讲解,能够与其他专业课有机地融合起来,充分发挥本课程工具性的特点,让学生学以致用。根据高职学生的学习习惯,在教学安排上"由浅入深、由粗到细"。按照流程化电子设计的思路讲解软件的各类操作命令、操作方法及实战技巧,力求达到学完就能用的效果。在教学过程中以学生未来职业角色为核心,以社会实际需求为导向,理论与实践相结合,注重学生综合能力的培养。教学实践表明,该教学模式对培养学生的创新思维和提高学生的实践能力有很好的推动作用。

本书内容简介如下。

项目 1:准备使用 Altium Designer。本项目介绍了 Altium Designer 软件的特点及新增功能,软件的运行环境,软件的安装、激活、中文模式切换和卸载。

项目 2:了解 PCB 设计基础知识。本项目介绍了电路板常见器件——电阻、电容、电感及其他常用元件的电路图形符号、实物及封装。介绍了 PCB 的基础知识,包括 PCB 的定义、结构和层次。

项目 3：创建 PCB 工程。本项目介绍了 PCB 设计流程与工程创建方法，介绍了 PCB 设计总流程及完整工程文件的组成以及创建新工程及各类组成文件、给工程添加或移除已有文件、快速查询文件保存路径的方法。

项目 4：创建和管理元件库。本项目介绍了元件的命名规范、原理图库常用操作命令、元件符号的绘制方法、PCB 元件库的常用操作命令、封装的制作方法、创建及导入 3D (three-dimensional，三维)元件的方法、集成库的制作方法。

项目 5：PCB 设计入门。本项目介绍了原理图的设计方法，包括原理图常用参数设置、原理图设计流程、原理图图纸设置、放置元件、连接元件、分配元件标号、原理图电气检测及编译。

项目 6：设计 51 单片机开发板 PCB。本项目介绍了 51 单片机开发板的设计方法，包括 PCB 常用系统参数设置、PCB 筛选功能、同步电路原理图数据、定义板框及板框原点设置、层的相关设置、常用规则设置、PCB 布局、PCB 布线。

项目 7：设计 STM32 开发板 PCB。本项目介绍了 STM32 开发板的设计方法，包括多元件操作技巧、PCB 后期处理、DRC(design rule check)检查，位号的调整、装配图制造输出、Gerber(光绘)文件输出、BOM(bill of material，物料清单)输出、原理图 PDF(portable document format，可移植文档格式)输出及文件规范存档。

本书由郑州职业技术学院 Altium Designer 教学团队共同编写完成，在本书编写过程中得到了魏强、刘鑫两位高级工程师的很多指导，在此一并对相关人员表示感谢。由于水平有限，加之时间仓促，书中难免有疏漏和不足之处，敬请广大读者批评指正，我们将不胜感谢！

编者

2024 年 5 月

目 录
Contents

项目 1
准备使用 Altium Designer

　　每个人的生活都离不开电子产品，电子产品的核心就是 PCB，随着微电子技术的飞速发展，电子产品的体积越来越小，功能却越来越强大，Altium Designer 作为电子设计的工具也在不断升级。本项目将介绍 Altium Designer 软件的特点及软件安装、中文模式切换和卸载的方法，带你进入电子设计的世界。

 学习目标

知识目标：

了解 Altium Designer 的用途。

了解 Altium Designer 的特点。

能力目标：

掌握 Altium Designer 的安装、中文模式切换和卸载。

素质目标：

培养自主创新学习。

培养团队协作意识。

 必备知识

初步了解 Altium Designer

1）软件简介

　　Altium Designer 是一款由澳大利亚 Altium 公司开发的 EDA（electronic design automation，电子设计自动化）软件。它主要用于 PCB 设计、电气绘图和电子系统设计。本书基于 Altium Designer 22 软件进行电路设计与制作，Altium Designer 22 是基于 Windows 界面风格的新一代板卡级设计软件，该软件为工程师和设计师提供了一系列强大的工具，能够满足工程师和设计师在 PCB 设计、电气绘图和电子系统设计方面

的需求，帮助他们设计、模拟和制造复杂的电子设备和系统。通过不断更新和改进，凭借在 PCB 设计中更稳定的性能、更快的速度和更强的功能，Altium Designer 已成为电子设计领域的热门选择之一。

2）软件特点

Altium Designer 能够创建互连的多板项目并快速、准确地呈现高密度、高复杂度的 PCB 装配系统。

（1）增强的 3D 设计功能：软件提供了更好的 3D 模型集成和可视化，使设计师能够更直观地查看和分析电子组件和 PCB 的三维布局。

（2）改进的布线和信号完整性分析：软件提供了先进的布线算法和信号完整性分析工具，有助于设计师在 PCB 设计过程中优化电路性能，减少信号干扰和延迟。

（3）更好的兼容性和文件支持：软件支持更多的文件格式，与其他 EDA 工具进行数据交换更方便。

（4）集成库和组件：软件内置了大量的器件库和组件，方便设计师快速搭建电路系统。

（5）智能设计助手：软件内置了一些智能功能，如自动布线、规则检查和设计建议，帮助设计师提高设计效率和降低错误率。

3）软件运行环境

为了流畅运行 Altium Designer，计算机及网络配置应不低于以下要求。

（1）硬件条件和网络配置。

①处理器（CPU）：频率 2.4 GHz 以上，四核心。

②内存（RAM）：4 GB。

③显卡：兼容 DirectX 10，1 GB 显存。

④硬盘：16 GB 可用空间。

⑤网络：20 Mb/s 宽带网络，100/1000 Mb/s 路由器。

（2）软件配置。

①操作系统：Microsoft Windows 7。

②浏览器：Internet Explorer 11。

③其他应用软件：Adobe PDF Reader 10，Microsoft Excel 2003。

❈ 操作方法

1. 安装 Altium Designer

Altium Designer 的安装步骤如下。

（1）在 Altium 中国官方网站下载 Altium Designer 的安装包，用鼠标右键单击安装包，选择"解压到当前文件夹"。

（2）打开解压后的文件夹，双击运行文件"installer. exe"。

（3）安装开始界面如图 1-1 所示，单击"Next"（下一步）。

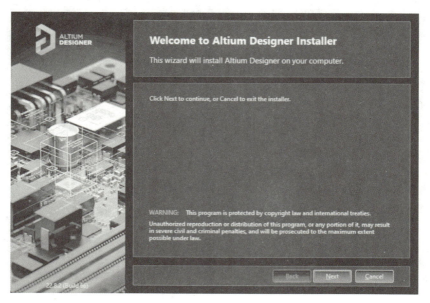

图 1-1　Altium Designer 安装开始

（4）查看安装协议，勾选"I accept the agreement"（我接受安装协议），如图 1-2 所示，单击"Next"。

图 1-2　查看安装协议

（5）选择安装组件界面如图 1-3 所示，保持默认，单击"Next"。

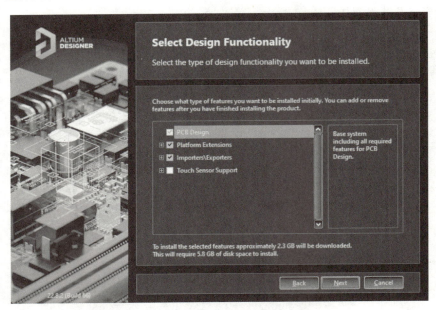

图 1-3　选择安装组件

（6）选择软件安装路径，可根据需要修改或保持默认，如图 1-4 所示，单击
"Next"。

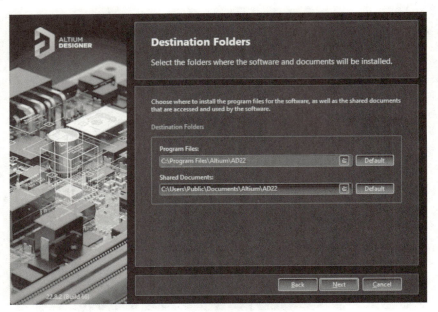

图 1-4　设置软件安装路径

（7）可根据需要选择是否参加客户体验改善计划，若参加，则勾选"Yes，I want to participate"（是的，我想参加），如图 1-5 所示，单击"Next"。

图 1-5　选择是否参加客户体验改善计划

（8）准备开始安装，如图 1-6 所示，单击"Next"。

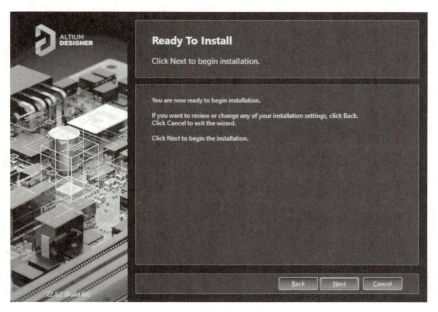

图 1-6　设置完成准备安装

（9）开始安装，如图 1-7 所示。

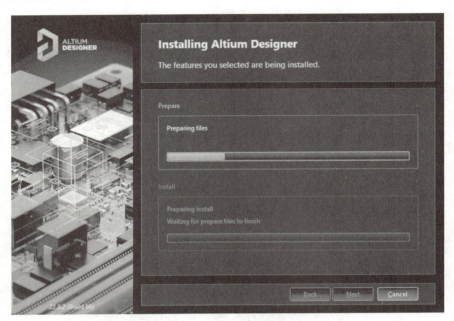

图 1-7　软件安装界面

（10）安装完成，如图 1-8 所示，单击"Finish"。

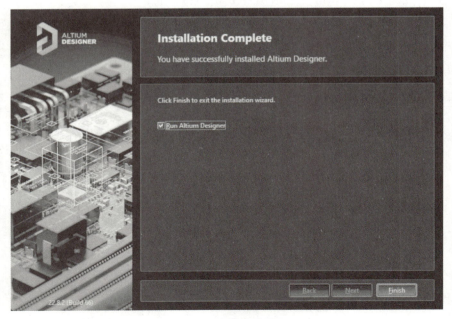

图 1-8　安装完成界面

> **注意**：在安装完成界面中如果保持勾选"Run Altium Designer"（运行 Altium Designer），则单击"Finish"之后，Altium Designer 软件将自动打开。若不想软件自动打开，可以在单击"Finish"之前取消勾选"Run Altium Designer"。

2. 切换 Altium Designer 中文模式

（1）运行 Altium Designer，初始界面如图 1－9 所示，单击右上角齿轮图标⚙（"Setup system preferences"），打开"Preferences"对话框（软件设置界面）。

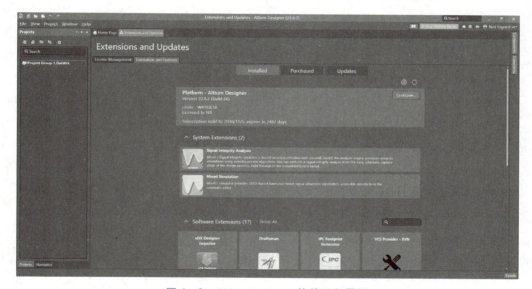

图 1－9　Altium Designer 软件运行界面

（2）勾选"System"→"General"→"Localization"中的"Use localized resources"，如图 1－10所示，单击"OK"，会弹出如图 1－11 所示对话框提示程序需要重启，单击"OK"关闭提示，回到"Preferences"对话框，然后单击"OK"关闭对话框，接着关闭 Altium Designer。

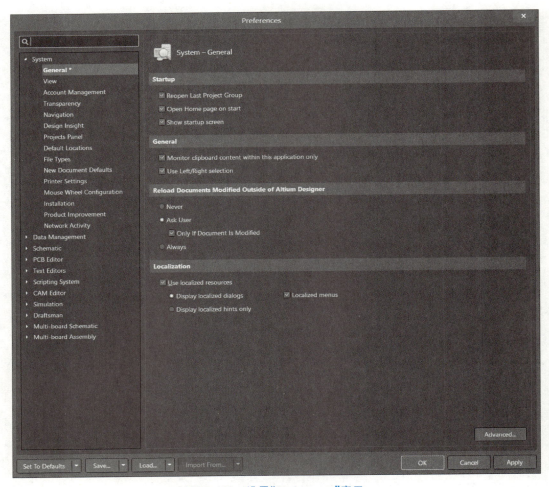

图 1-10　设置"Preferences"窗口

图 1-11　提示重启软件对话框

　　(3)重新运行 Altium Designer，可以看到软件界面已切换到中文模式，如图 1-12
所示。

图 1-12　软件中文模式界面

3. 卸载 Altium Designer

Altium Designer 软件的卸载流程如下。

（1）进入 Windows"卸载或更改程序"功能界面，选择 Altium Designer，单击"卸载"，进入软件卸载界面。

> **注意：** 在不同版本的操作系统中，"卸载或更改程序"功能的名称和打开方式有所差异，但功能是相同的。

（2）选择"Remove Completely"，如图 1-13 所示，单击"Next"。

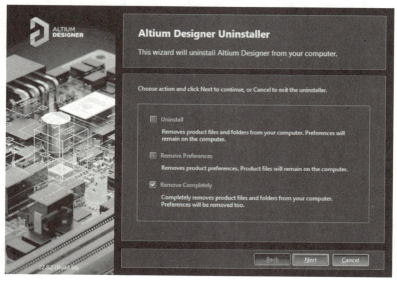

图 1-13　软件卸载界面

（3）开始卸载，如图 1 - 14 所示。

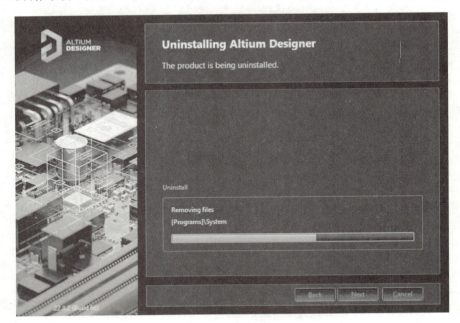

图 1 - 14　软件卸载中

（4）卸载完成，如图 1 - 15 所示，单击"Finish"关闭。

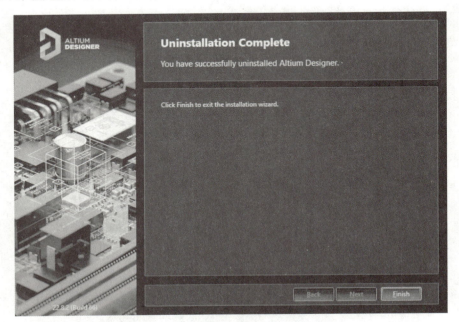

图 1 - 15　Altium Designer 软件卸载完成

(5)在公共文档路径(默认为"C:\Users\Public\Documents")和软件安装路径(默认为"C:\Program Files")下删除"Altium"文件夹,可以彻底删除。

📝 学习引导

活动一　学习准备

(1)根据软件运行环境要求,选择满足要求的电脑。

(2)上网查阅、下载软件安装包。

活动二　制订计划

(1)阅读资料,小组讨论软件安装注意事项。

(2)阅读资料,小组讨论软件卸载注意事项。

活动三　任务实施

(1)安装 Altium Designer。

(2)切换 Altium Designer 中文模式。

(3)卸载 Altium Designer。

活动四　考核评价

🔍 知识考核

(1)Altium Designer 软件有哪些功能?

(2)Altium Designer 软件有什么特点?

活动评价

自评：针对项目学习的收获、成长等，自己进行评价，填入表 1-1。

互评：小组成员根据同伴的协作学习、纪律遵守表现等，互相进行评价，填入表 1-1。

师评：教师根据项目完成度、活动参与度、规范遵守情况、学习效果等进行综合评价，填入表 1-1。

表 1-1　项目活动评价表

评价模块	评价标准	自评（20%）	互评（20%）	师评（60%）
学习准备	根据任务要求完成计算机筛选（5分）			
	下载软件安装包（5分）			
制订计划	能列出软件安装的注意事项（10分）			
	能列出软件卸载的注意事项（10分）			
	能够积极与他人协商、交流（10分）			
任务实施	能完成 Altium Designer 软件安装（15分）			
	能完成 Altium Designer 软件中文模式切换（15分）			
	能完成 Altium Designer 软件卸载（15分）			
	能够积极与他人合作（15分）			
总成绩				

项目 2
了解 PCB 设计基础知识

只是在书上见过电路是画不出来电路板的。本项目将引导你认识电路板上常见的电路元件、原理图符号、实物及封装，让你建立电路符号和实物、封装的一一映射关系，认识 PCB 的结构、种类、组成以及这些组成 PCB 的元素在软件中的样子。

学习目标

知识目标：
- 了解电路常用元件、原理图符号及实物。
- 了解 PCB 的基础知识。

能力目标：
- 掌握元件原理图符号、PCB 封装、实物的一一对应关系。
- 认识常见的元件封装。

素质目标
- 培养自主创新学习能力。
- 培养团队协作意识。

必备知识

1. 电路常用元件

1）电阻器

电阻器简称电阻，是可对电流产生阻碍作用的电子元器件，是电子电路中最基本、最常用的电子元器件之一。常见的电阻器元件的实物图和原理图符号如表 2-1 所示。

表 2－1　常见的电阻器元件

元件	实物图	原理图符号
普通电阻器		Res1 Res2
熔断器 （又称保险丝）		Fuse1 Fuse2
可调电阻器		Res Adj1 Res Adj2
热敏电阻器		t? Res Thermal
压敏电阻器		Res Varistor
排电阻器		Res Pack4

2）电容器

电容器简称电容，在电路中主要起耦合、滤波、移相、谐振等作用，与电阻器一样，是十分常见的电子元器件之一，几乎所有的电子电路中都有电容器。常见的电容器元件的实物图和原理图符号如表 2-2 所示。

表 2-2　常见的电容器元件

元件	实物图	原理图符号
无极性电容器		Cap
有极性电容器		Cap Pol1　　Cap Pol2
可变电容器		Cap Var

3）电感器

电感器是利用线圈产生的磁场阻碍电流变化，起到通直流、阻交流的作用，在电路中主要用于分频、滤波、谐振和磁偏转等。常见的电感器元件的实物图和原理图符号如表 2-3 所示。

表 2-3　常见的电感器元件

元件	实物图	原理图符号
普通电感器		Inductor

续表

元件	实物图	原理图符号
带芯电感器		Inductor Iron
可变电感器		Inductor Adj Inductor Iron Adj

4)其他元件

其他常见元件的实物图和原理图符号如表2-4所示。

表2-4 其他常见元件

元件	实物图	原理图符号
二极管		Diode
发光二极管		LED0
三极管		2N3904

续表

元件	实物图	原理图符号
电位器		Rpot 1K
按键开关		SW-PB

2. PCB 基础知识

1）PCB 的定义

PCB(印制电路板，又称印制板)是用来安装、固定各个实际电路元器件并利用铜箔走线实现其正确连接关系的一块基板，如图 2-1 所示。电路原理图完成以后，还必须设计印制电路板图，最后由制板厂家依据用户所设计的印制电路板图制作出印制电路板。

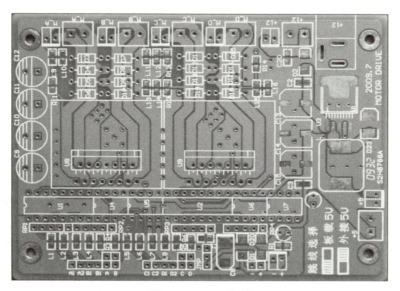

图 2-1 PCB 外观

2）PCB 的种类

根据 PCB 导电板层不同，可以将其分为单面印制板（single sided print board）、双面印制板（double sided print board）和多层印制板（multilayer print board）。

（1）单面印制板。单面印制板指仅一面有导电图形的印制板，板的厚度约为 0.2～5.0 mm，它是在一面敷有铜箔的绝缘基板上，通过印制和腐蚀的方法在基板上形成印制电路，剖面图如图 2-2 所示。它适用于一般要求的电子设备。

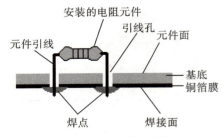

图 2-2　单面板剖面图

（2）双面印制板。双面印制板指两面都有导电图形的印制板，板的厚度约为 0.2～5.0 mm，它是在两面敷有铜箔的绝缘基板上，通过印制和腐蚀的方法在基板上形成印制电路，两面的电气互连通过金属化过孔实现，剖面图如图 2-3 所示。它适用于要求较高的电子设备，由于双面印制板的布线密度较高，所以能减小设备的体积。

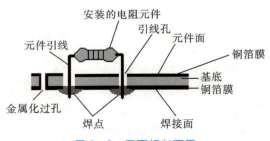

图 2-3　双面板剖面图

（3）多层印制板。多层印制板是由交替的导电图形层及绝缘材料层粘合而成的一块印制板，导电图形的层数在两层以上，层间电气互连通过金属化过孔实现。多层印制板的连接线短而直，便于屏蔽，但印制板的工艺复杂，由于使用金属化过孔，可靠性稍差。它常用于计算机的板卡中。

对于电路板的制作而言，板的层数越多，制作程序就越多，失败率就会增加，成本也相应提高，所以只有在设计高级电路时才会使用多层板。

图 2-4 所示为四层板剖面图，图 2-5 是对四层板各层的详细说明。通常在电路板上，元件放在顶层，所以一般顶层也称元件面，而底层一般是用于焊接，所以又称焊

接面。元件也分为两大类，插针式元件和外表贴片式元件（SMD，surface mount device）。对于 SMD，放置在电路板顶层和底层都可以。

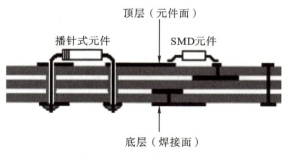

图 2-4 四层板剖面图

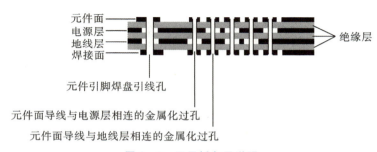

图 2-5 四层板各层说明

3）PCB 的层次

PCB 一般包含很多层，了解每一层的用途和含义，有助于我们更好地设计 PCB。表 2-5 中列出了几个常用层的定义及作用。

表 2-5 几个常用层的定义及作用

序号	标识	定义及作用
1	■ [1] Top Layer	"Top Layer"（顶层），顶层布线层，用来画元件之间的电气连接线
2	□ [2] Bottom Layer	"Bottom Layer"（底层），底层布线层，作用与顶层布线层相同
3	■ Top Overlay	"Top Overlay"（顶层丝印层），就是 PCB 正面的字符
4	■ Bottom Overlay	"Bottom Overlay"（底层丝印层），就是 PCB 背面的字符

序号	标识	定义及作用
5	 Keep-Out Layer	"Keep-Out Layer"(禁止布线层),用来绘制禁止布线区域,如果印制板中没有绘制机械层,印制板厂家会将此层作为PCB外形来处理
6	 Mechanical 1	"Mechanical1"(机械层1),用来绘制PCB印制板的外形及需挖孔部位,也可用来注释PCB尺寸等
7	 Multi-Layer	"Multi-Layer"(多层),所有布线层都包括在内,一般单双面的插件焊盘就在这层

4)元件的封装

元件的封装是指实际元件焊接到电路板时的外观和焊盘位置。不同的元件可以使用同样的元件封装,同种元件也可以有不同的封装形式。

在进行电路设计时要分清楚原理图和印制板中的元件。原理图中的元件指的是单元电路功能模块,是电路图符号;PCB中的元件是指电路功能模块的物理尺寸,即元件的封装。在PCB设计中,常将元件封装所确定的元件外形和焊盘简称为元件,常见元件的封装说明如表2-6所示。

表2-6 常见元件的封装说明

元件类型	原理图符号	封装	封装说明
电阻	 Res2  / Res1		封装形式:插件式。封装型号:AXIAL-××,其中××为两位数字,表示该元件两个焊盘之间的距离(单位:英寸)AXIAL-0.1表示间距100 mil
			封装形式:贴片式。封装型号:××××,其中××××为四位数字,前两位表示封装的长度,后两位表示封装的宽度(单位:英寸),如0805、0603,分别表示长80 mil,宽50 mil的贴片式电阻封装和长60 mil,宽30 mil的贴片式电阻封装

续表

元件类型	原理图符号	封装	尺寸描述
电容	Cap		封装形式：插件式。 封装型号：RAD-××，其中××表示该元件两个焊盘之间的距离（单位：英寸），如 RAD-0.1 表示两焊盘间距 100 mil
			封装形式：贴片式。 封装型号：××××，其中××××为四位数字，前两位表示封装的长度，后两位表示封装的宽度（单位：英寸）
	Cap Pol2 Cap Pol1		封装形式：插件式。圆柱形封装 封装型号：RB××-××，前两位表示两个焊盘之间的距离，后两位表示外圆直径（单位：mm 或英寸），如 RB5-10.5，表示两个焊盘之间距离为 5 mm，外圆直径为 10.5 mm 的插件式电容封装
电感	Inductor		封装形式：贴片式。 封装型号：××××，其中××××为四位数字，前两位表示封装的长度，后两位表示封装的宽度（单位：英寸）
	Inductor Iron		封装形式：插件式。 封装型号：AXIAL-××，如 AXIAL-0.4 表示两焊盘间距 400 mil
二极管	Diode		封装形式：贴片式。 封装型号：SOD 系列、SMA/B/C 系列，尺寸见器件手册
			封装形式：插件式。 封装型号：DO35、DO41，尺寸见器件手册

元件类型	原理图符号	封装	尺寸描述
三极管	2N3904		封装形式：插件式。 封装型号：TO 系列，如 TO-92A、TO-220，尺寸见器件手册
			封装形式：贴片式。 封装型号：SOT 系列，如 SOT23，尺寸见器件手册

集成电路芯片封装形式可以分为两大类：插针式——THT（through hole technology，通孔插件技术）和贴片式——SMT（surface mounting technology，表面安装技术）。

常见的封装形式有 DIP（dual in-line package，双列直插式封装）、SOP（small out-line package，小外形封装）、QFP（quad flat package，方形扁平封装）、QFN（quad flat no-leads package，方形扁平无引脚封装）、BGA（ball grid array，球形触点阵列封装）等，详细说明如表 2-7 所示。

表 2-7 集成电路芯片封装形式

封装形式	图例	说明
DIP		早期芯片封装形式，常见于中小规模集成电路、51 单片机，两排引脚，可以焊接插座，接触稳定、焊接简单、操作方便，但体积较大

续表

封装形式	图例	说明
SOP		SOP 属于 SMT，引脚数量一般少于 44，用途广泛
QFP		QFP 是 SOP 的质变封装形式，4 边都做上了引脚，体积更小，引脚更多
QFN		封装四侧配置有电极触点，由于无引脚，贴装占用面积比 QFP 小，高度比 QFP 低。引脚数量范围为 $14\sim100$
BGA		更先进的封装技术，引脚更多、频率更高、功耗更大、散热能力更强

5）铜箔

铜箔在电路板上表现为导线、过孔、焊盘和覆铜等各种形式，各形式的示意图和说明如表 2-8 所示。

表 2-8　铜箔在电路板上的表现形式

铜箔形式	图例	说明
导线		连接电路板上各种元件的引脚，完成各元件间电气连接
过孔		完成多层板间电气连接，使上下两面的线路相通
焊盘		在电路板上固定元件，安装电路的安装孔
覆铜		在电路板某个区域填充铜箔，以改善电路性能

操作方法

在 PCB 电路设计和制作过程中，需要掌握电路中元件的原理图符号与元件封装的一一对应关系。所以在遇到不认识的元件时，需要上网查阅其芯片资料，了解元件的使用、引脚定义及其封装。下面以时钟芯片"555"为例，介绍在 Altium Designer 软件中查阅芯片资料方法。

（1）打开 Altium Designer，单击左侧界面标签"Components"，弹出元件库窗口，如图 2-6 所示。

图 2-6 "Components"元件库窗口

（2）在"Components"界面"Search"栏单击，输入要查找的元件名"555"，如图 2-7 所示。

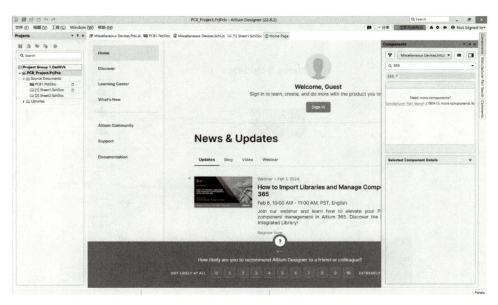

图 2-7 查找元件窗口

(3)单击查询界面中的"Manufacturer Part Search"，弹出查询结果，如图 2-8 所示。

图 2-8　元件查询结果

　　(4)查看元件"NE555DR"的信息，用鼠标拖动右侧滑块向下，找到"Datasheet"，单击下面的链接，如图 2-9 所示。

图 2-9　查看元件信息

（5）打开元件的芯片手册，可以查看元件的引脚、使用方法及封装，如图 2 - 10 所示。

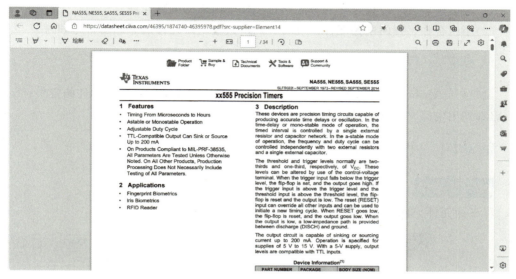

图 2 - 10　元件资料

学习引导

活动一　学习准备

（1）了解电路常用元件。

电子电路中最常用的元件是＿＿＿＿＿＿＿＿＿＿＿＿，电路符号为＿＿＿＿＿＿＿＿。

电容在电路中的作用是＿＿＿＿＿＿＿＿＿＿，电路符号为＿＿＿＿＿＿＿。

电感在电路中的作用是＿＿＿＿＿＿＿＿＿＿，电路符号为＿＿＿＿＿＿＿。

（2）了解印制电路板的基础知识。

印制电路板英文全称是＿＿＿＿＿＿＿＿＿＿，缩写为＿＿＿＿＿＿＿。

印制电路板根据导电板层划分为＿＿＿＿＿＿、＿＿＿＿＿＿、＿＿＿＿＿＿印制电路板。

用＿＿＿＿＿＿＿＿＿可以加工印制电路板。

AXIAL0.4 通常是＿＿＿＿＿＿元件的封装，"0.4"表示元件封装两个过孔之间的距离是＿＿＿＿mil 或者＿＿＿＿mm。

RB5 - 10.5 通常是＿＿＿＿＿＿元件的封装，其中两个焊盘间距是＿＿＿＿＿＿，外圆直径是＿＿＿＿＿＿。

活动二　制订计划

(1)阅读资料，小组讨论，列举出学过电路中出现的电路元件。

(2)小组合作，查阅电路元件的资料，列出这些电路元件的原理图符号和封装。

活动三　任务实施

(1)打开 Altium Designer 软件，找到元件库窗口，搜索电路常用元件的资料。

(2)列出电路常用元件的名称、功能、原理图符号和封装尺寸表示。

活动四　考核评价

知识考核

将下列元件、原理图符号、元件封装用线连接起来。

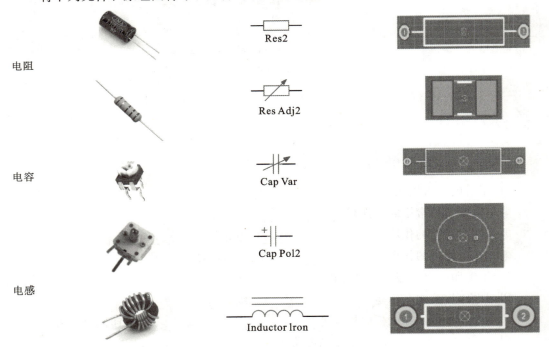

活动评价

自评：针对项目学习的收获、成长等，自己进行评价，填入表2-9。

互评：小组成员根据同伴的协作学习、纪律遵守表现等，互相进行评价，填入表2-9。

师评：教师根据项目完成度、活动参与度、规范遵守情况、学习效果等进行综合评价，填入表 2-9。

表 2-9　项目活动评价表

评价模块	评价标准	自评 （20%）	互评 （20%）	师评 （60%）
学习准备	了解电路常用元件(5 分)			
	了解 PCB 组成(5 分)			
制订计划	能列出电路板常用元件及功能(10 分)			
	能列出 PCB 结构及组成(10 分)			
	能够积极与他人协商、交流(10 分)			
任务实施	能识别常见元件实物、电路符号、封装的一一对应关系(15 分)			
	能识别各 PCB 层及作用(15 分)			
	能完成元件资料查询(15 分)			
	能够积极与他人合作(15 分)			
总成绩				

项目 3

创建 PCB 工程

在本项目中，通过学习创建 PCB 工程，来了解 PCB 设计流程，熟练掌握 Altium Designer 的使用方法，完成项目文件、原理图文件、原理图库文件、PCB 文件、PCB 库文件的建立。同时，培养专业技能、工匠精神、工程意识与创新精神，通过自主创新学习，培养突破自我、探索未知、追求卓越、勇攀科学高峰的责任感和使命感。

 学习目标

知识目标：

了解 PCB 的设计流程。

熟悉 PCB 工程文件的组成。

掌握工程文件的创建方法。

学会 PCB 工程文件的管理。

能力目标：

具有利用 Altium Designer 创建 PCB 工程文件的能力。

具有利用 Altium Designer 管理 PCB 工程文件的能力。

素质目标：

培养专业技能和工匠精神。

培养工程意识与创新精神。

培养突破自我、探索未知、追求卓越、勇攀科学高峰的责任感和使命感。

必备知识

1. PCB 设计流程

虽然 PCB 设计具有很大的灵活性，但对 PCB 的整体设计而言，其流程大同小异，PCB 设计的基本流程如图 3-1 所示。

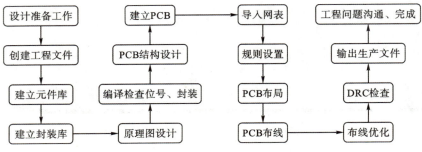

图 3-1 PCB 设计的基本流程

2. PCB 工程文件组成

一个完整的 Altium Designer 工程至少包含项目文件、原理图文件、PCB 文件、PCB 库文件、原理图库文件 5 个文件，如图 3-2 所示。

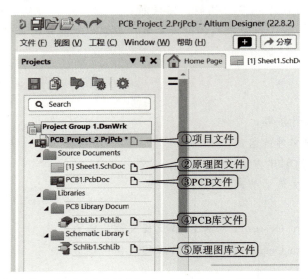

①—项目文件，后缀名为". PrjPcb"；②—原理图文件，后缀名为". SchDoc"；
③—PCB 文件，后缀名为". PcbDoc"；④—PCB 库文件，后缀名为". PcbLib"；
⑤—原理图库文件，后缀名为". SchLib"。

图 3-2 Altium Designer 工程文件

 操作方法

1. 工程文件的创建

1）项目文件的创建

（1）打开 Altium Designer，执行菜单栏中的"文件"→"新的"→"项目"命令，如

图 3 - 3 所示。

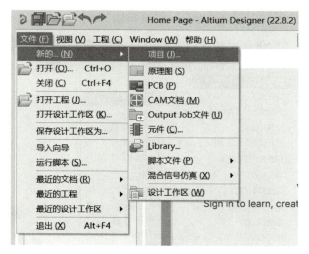

图 3 - 3　新建项目文件

（2）在弹出的"Create Project"对话框中选择"Local Projects"选项卡，在右侧输入工程名及保存路径后，单击"Create"按钮，即可创建一个新的 PCB 项目，如图 3 - 4 所示。

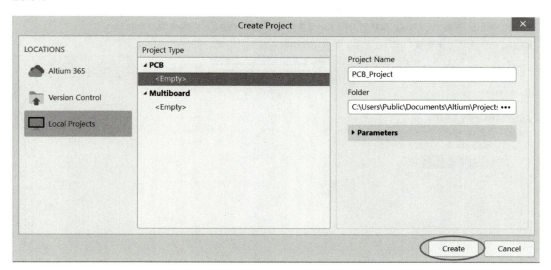

图 3 - 4　"Create Project"对话框

2）原理图文件的创建

（1）执行菜单栏中的"文件"→"新的"→"原理图"命令，如图 3-5 所示。

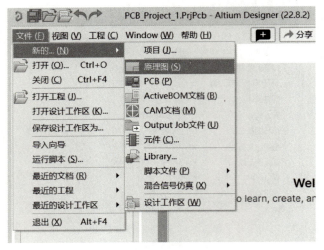

图 3-5　新建原理图文件

执行上述命令后，建成的原理图如图 3-6 所示。

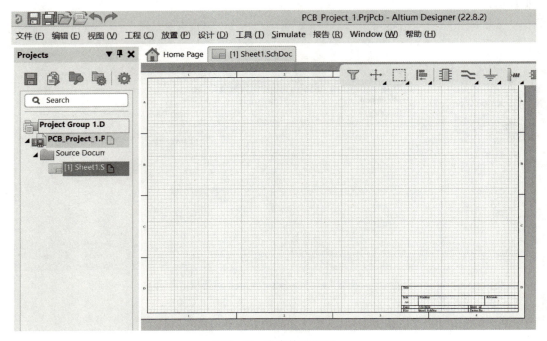

图 3-6　建成的原理图

（2）新建原理图后，单击快速访问工具栏中的"保存"按钮📁或者按快捷键"Ctrl＋S"，弹出如图 3－7 所示的对话框，可以改写文件名和选择保存类型，单击"保存"按钮，将原理图保存到工程文件路径下。

图 3－7　原理图保存对话框

3）原理图库文件的创建

（1）执行菜单栏中的"文件"→"新的"→"Library"命令，如图 3－8 所示。

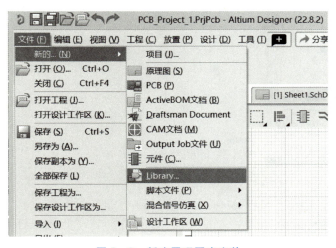

图 3－8　新建原理图库文件

(2)执行上述命令后，弹出"New Library"对话框，如图 3-9 所示。选择"File"→
"Schematic Library"，单击"Create"按钮，即可创建一个新的原理图库文件，如图 3-10 所示。

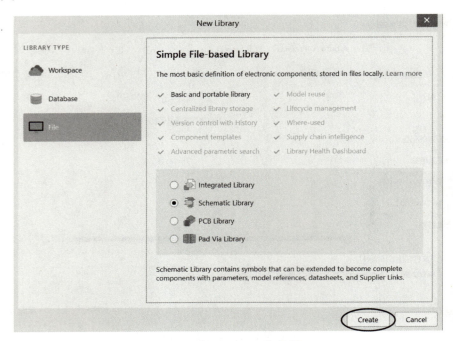

图 3-9　"New Library"对话框

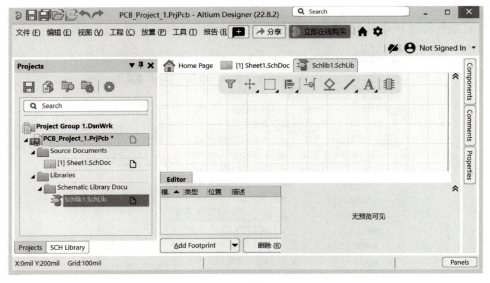

图 3-10　建成的原理图库文件

（3）新建原理图库文件后，单击快速访问工具栏中的"保存"按钮█或者按快捷键"Ctrl＋S"，弹出如图 3－11 所示的对话框，可以改写文件名和选择保存类型，单击"保存"按钮，将原理图库保存到工程文件路径下。

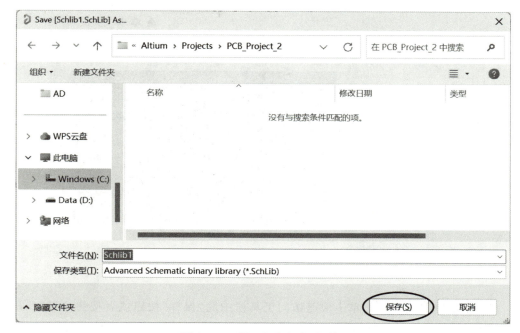

图 3－11　原理图库保存对话框

4）PCB 文件的创建

（1）执行菜单栏中的"文件"→"新的"→"PCB"命令，如图 3－12 所示。

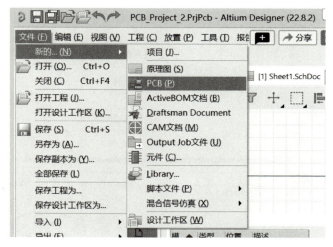

图 3－12　新建 PCB 文件

执行上述命令后，建成的 PCB 文件如图 3－13 所示。

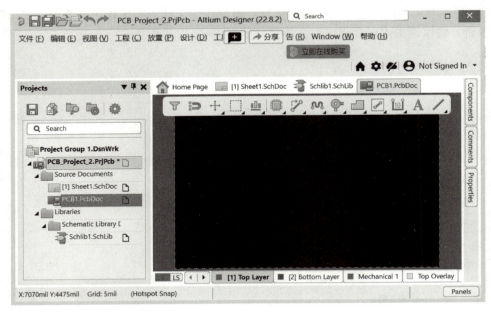

图 3－13　建成的 PCB 文件

（2）新建 PCB 文件后，单击快速访问工具栏中的"保存"按钮或者按快捷键"Ctrl＋S"，弹出如图 3－14 所示对话框，可以改写文件名和选择保存类型，单击"保存"按钮，将 PCB 文件保存到工程文件路径下。

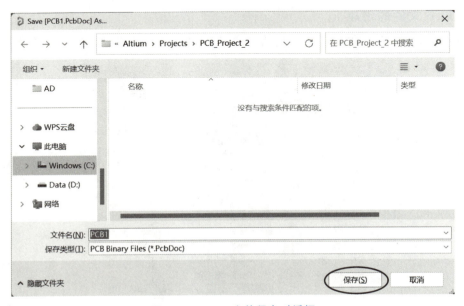

图 3－14　PCB 文件保存对话框

5）PCB 库文件的创建

（1）执行菜单栏中的"文件"→"新的"→"Library"命令，方法如前文中图 3 - 8 所示。执行上述命令后，弹出"New Library"对话框，如图 3 - 15 所示。选择"File"→"PCB Library"，单击"Create"按钮，即可创建一个新的 PCB 库文件，如图 3 - 16 所示。

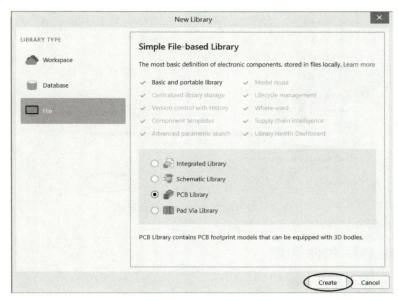

图 3 - 15 "New Library"对话框

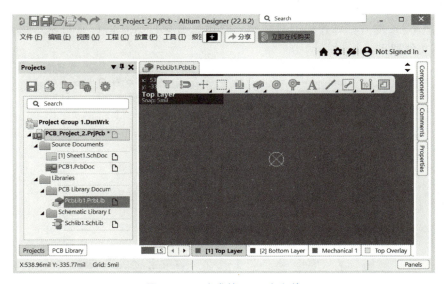

图 3 - 16 建成的 PCB 库文件

（2）新建 PCB 库文件后，单击快速访问工具栏中的"保存"按钮或者按快捷键"Ctrl＋S"，弹出如图 3－17 所示对话框，可以改写文件名和选择保存类型，单击"保存"按钮，将PCB 库文件保存到工程文件路径下。

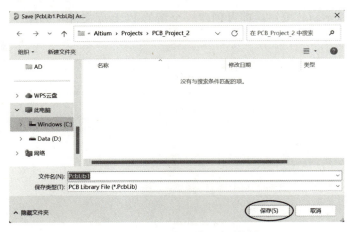

图 3－17　PCB 库文件保存对话框

2. PCB 工程文件管理

1）给工程添加已有文件

如果要为工程添加已有的原理图文件、原理图库文件、PCB 文件、PCB 库文件等文件，在工程目录上右击，从弹出的快捷菜单中选择"添加已有文档到工程"命令（如图 3－18所示），然后通过弹出的对话框，找出已有文件所在的位置目录，选择需要添加的已有文件即可。

图 3－18　选择"添加已有文档到工程"命令

2）从工程删除文件

如要从工程中移除已有的原理图文件、原理图库文件、PCB 文件、PCB 库文件等文件，可在工程目录下选择要移除的文件，然后右击，从弹出的快捷菜单中选择"Remove from Projects"命令，即可从工程中移除相应的文件，如图 3 - 19 所示，其他文件的移除方法与原理图文件的移除方法一致，这里不再赘述。

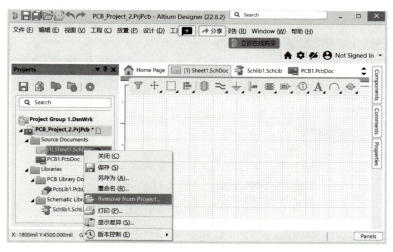

图 3 - 19　从工程中移除原理图文件

3）查询文件保存路径

在工程目录上右击，从弹出的快捷菜单中选择"浏览"命令，如图 3 - 20 所示。工程文件所在的文件夹立即弹出，用户可以快速找到工程文件并查看。

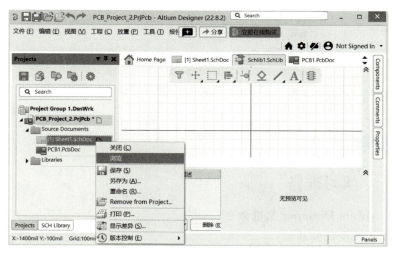

图 3 - 20　选择"浏览"命令

4)文件重命名

Altium Designer 支持在 Projects 面板中给文件重命名，避免在文件夹中命名导致文件脱离工程的管理。在工程目录上右击，从弹出的快捷菜单中选择"重命名"命令，如图 3-21 所示。

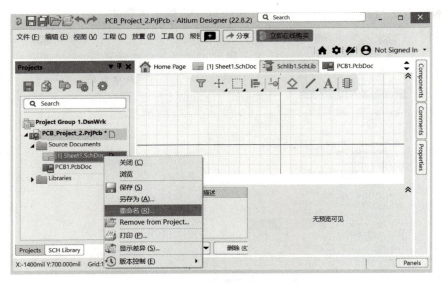

图 3-21　选择"重命名"命令

单击后弹出如图 3-22 所示对话框，输入新的文件名，单击"OK"按钮即可直接修改文件名称。

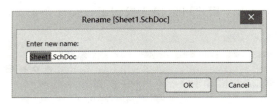

图 3-22　修改文件名称对话框

 学习引导

活动一　学习准备

(1)熟悉 Altium Designer 菜单命令。

(2)了解 PCB 设计的基础。

活动二　制订计划

(1)阅读资料，小组讨论 PCB 设计流程和 PCB 工程文件的组成。

(2)阅读资料，小组讨论 PCB 工程文件的创建和管理。

活动三　任务实施

(1)了解 PCB 的设计流程。

(2)熟悉 PCB 工程文件的组成。

(3)掌握工程文件的创建方法。

(4)学会 PCB 工程文件的管理。

活动四　考核评价

知识考核

(1)PCB 的设计流程是什么？

(2)PCB 工程文件一般有哪 5 个，后缀名分别是什么？

活动评价

自评：针对项目学习的收获、成长等，自己进行评价，填入表 3-1。

互评：小组成员根据同伴的协作学习、纪律遵守表现等，互相进行评价，填入表 3-1。

师评：教师根据项目完成度、活动参与度、规范遵守情况、学习效果等进行综合评价，填入表 3-1。

表 3-1 项目活动评价表

评价模块	评价标准	自评 (20%)	互评 (20%)	师评 (60%)
学习准备	根据任务要求完成知识预习(5分)			
	熟悉 Altium Designer 菜单命令(5分)			
制订计划	能列出 PCB 设计流程和工程文件的组成(10分)			
	能列出 PCB 工程文件创建和管理的方法(15分)			
	能够积极与他人协商、交流(5分)			
任务实施	能完成 PCB 的设计流程(15分)			
	能完成 PCB 工程文件的创建(15分)			
	能完成 PCB 工程文件的管理(15分)			
	能够积极与他人合作(15分)			
总成绩				

项目 4

创建和管理元件库

在用 Altium Designer 绘制原理图时，需要放置各种各样的元件。虽然 Altium Designer 软件提供了丰富的元件资源，但是在实际的电路设计中，难免会遇到找不到所需元件的情况，所以有些特定的元件仍需自行绘制。PCB 封装是元件实物在 PCB 图上的映射，PCB 封装尺寸，应按照元件规格书的精确尺寸进行绘制。另外，根据工程项目的需要，建立基于该项目的 PCB 元件库，有利于在以后的设计中更加方便、快捷地调入元件封装，管理工程文件。

本项目将对原理图库和 PCB 元件库的创建和管理进行详细的介绍，让你学会创建和管理自己的元件库，从而更方便地进行 PCB 设计。

 学习目标

知识目标：

了解原理图库和 PCB 元件库的基本操作命令。

掌握原理图库元件符号的绘制方法。

掌握 PCB 元件库封装的制作方法。

了解 3D 元件的创建导入方法。

掌握元件与封装的关联方法。

掌握集成库的制作与加载方法。

能力目标：

能完成电路设计中所需元件符号的绘制。

能完成与元件规格书对应的 PCB 封装的创建。

能完成 3D 元件的创建或导入。

能完成元件与封装的关联。

能完成集成库的创建与加载。

素质目标：

培养团队协作、交流沟通能力。

培养电路 PCB 设计技能，提升专业素养。

培养工匠精神与工程意识。

培养良好的职业素养，遵守职业规范。

培养创新意识和敬业精神。

必备知识

元件和封装的命名规范

1）明确元件的命名规范

元件的命名应简洁明了，能够清晰地反映元件的类型、功能及关键参数。一般来说，元件的命名可以包括其类型（如电阻、电容、电感等）、数值（如阻值、容值等）以及其他描述性信息（如封装形式、精度等）。合理的命名可以使元件的基本属性一目了然，从而在设计过程中准确地选择和替换元件。

2）明确封装的命名规范

封装命名应反映封装的外形尺寸、引脚数、引脚间距等关键信息，以便设计人员在选择元件时能够迅速找到适合的封装形式。常见的封装命名规范包括使用特定的字母和数字组合来表示封装类型、尺寸和引脚配置等。例如，某些封装命名可能包含表示引脚数量的数字、表示引脚间距的字母或数字组合，以及表示封装形状的特定后缀等。

3）确保命名规范的一致性

所有元件和封装的命名应遵循相同的规则和格式，以确保整个元件库的统一性和易用性。此外，还应遵循行业标准和规范，以确保元件库的兼容性和通用性。

操作方法

1. 原理图库的创建方法

1）原理图库常用操作及命令

打开或新建一个原理图库文件，即可进入原理图库文件编辑器界面，如图 4-1 所示，整个界面可分为若干个工具栏和面板。Altium Designer 原理图库编辑器提供了丰富的绘制工具。

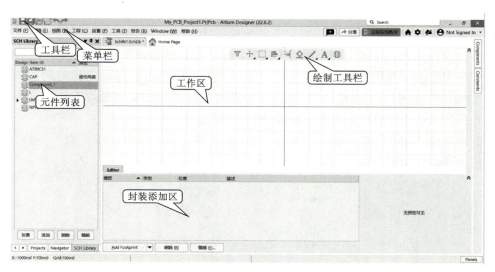

图 4-1　原理图库文件编辑器界面

通过编辑器界面空白工作区中的绘制工具栏，可以方便地移动对象，放置常见的 IEEE 符号、线、圆圈、矩形等建模元素，添加器件部件等。其中，放置命令是用得最多的，鼠标右击工具栏中的"放置线"图标，或执行菜单栏命令"放置"，在弹出的下拉列表中列出了原理图库常用的操作命令按钮，如图 4-2 所示。其中各个命令按钮与"放置线"下拉菜单中的各项命令具有对应关系。

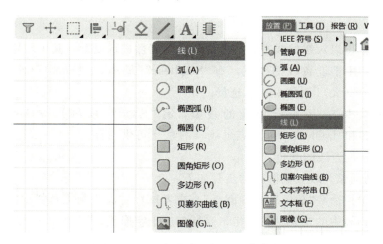

图 4-2　原理图库常用操作及命令按钮

（1）放置线。在绘制原理图库时，可以使用放置线的命令绘制元件的外形。该线在功能上不同于原理图中的导线，它不具有电气连接特性，不会影响电路的电气结构。放置线的步骤如下。

①执行菜单栏命令中"放置→线"命令，或单击绘制工具栏中的"放置线"按钮，光标变成十字形状。

②将光标移到工作区中要放置线的位置，单击鼠标确定线的起点，然后多次单击，确定多个固定点。在放置线的过程中，如需拐弯，可以单击鼠标确定拐弯的位置，同时按"空格键"或"Shift＋空格键"切换拐弯的模式。在 T 形交叉点处，系统不会自动添加节点。线条绘制完成后，右击鼠标或按"Esc"键退出。

③设置线的属性，双击需要设置属性的线（或在放置状态下按 Tab 键），系统将弹出相应的线属性编辑面板，如图 4-3 所示。

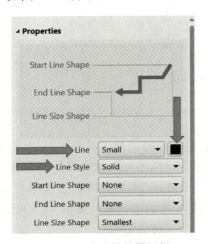

图 4-3　线属性编辑面板

在该面板中可以对线的线宽、类型及颜色等属性进行设置。其中常用属性如下。

• "Line"：用于设置线的线宽，有"Smallest"（最小）、"Small"（小）、"Medium"（中等）和"Large"（大）4 种线宽可供选择。

• "Line Style"：用于设置线的线型，有"Solid"（实线）、"Dashed"（虚线）、"Dotted"（点线）和"Dash Dotted"（点画线）4 种线型可供选择。

• ■：用于设置线的颜色。

（2）放置椭圆弧。放置椭圆弧的步骤如下。

①执行菜单栏命令"放置"→"椭圆弧"。或者鼠标右击绘制工具栏中"放置线"按钮，然后单击下拉列表中的"椭圆弧"按钮，光标变成十字形状。

②将光标移到工作区中要放置椭圆弧的位置，单击鼠标第 1 次确定椭圆弧的中心，第 2 次确定椭圆弧 X 轴的长度，第 3 次确定椭圆弧 Y 轴的长度，第 4 次确定椭圆弧的起始点，第 5 次确定椭圆弧的结束点，从而完成椭圆弧的绘制。

③此时软件仍处于绘制椭圆的状态，重复步骤②的操作即可绘制其他椭圆弧。右击鼠标或按"Esc"键退出操作。

放置弧的操作与放置椭圆弧的操作类似，读者可参照上述放置椭圆弧的步骤完成放置弧的操作。

（3）放置矩形。放置矩形的步骤如下。

①执行菜单栏命令"放置"→"矩形"，或单击绘制工具栏"放置线"按钮，然后单击下拉列表中的"矩形"按钮▆，光标变成十字形状，并带有一个矩形图标。

②将光标移到工作区中要放置矩形的位置，单击鼠标确定矩形的一个顶点，移动光标到合适的位置再一次单击鼠标确定其对角顶点，从而完成矩形的绘制。

③此时软件仍处于放置矩形状态，重复步骤②的操作即可放置其他矩形。右击鼠标或按"Esc"键退出操作。

④设置矩形属性。双击需要设置属性的矩形（或在绘制状态下按"Tab"键），系统即弹出相应的矩形属性编辑面板，如图 4-4 所示。

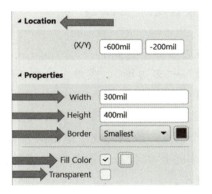

图 4-4　矩形属性编辑面板

其中常用属性设置选项如下。

• "Location"：设置矩形的起始顶点与终止顶点的位置。

• "Width"：设置矩形的宽度。

• "Height"：设置矩形的高度。

• "Border"：设置矩形边框的线宽及颜色，有"Smallest""Small""Medium"和"Large"4 种线宽可供选择，可点击▆选择矩形边框颜色。

• "Fill Color"：设置矩形的填充颜色。

• "Transparent"：勾选该选项，则矩形为透明的，内无填充颜色。

（4）放置圆角矩形。放置圆角矩形的步骤如下。

①执行菜单栏命令"放置"→"圆角矩形"，或单击绘制工具栏"放置线"按钮，然后单击下拉列表中的"圆角矩形"按钮▆，光标变成十字形状，并带有一个圆角矩形图标。

②将光标移到工作区要放置圆角矩形的位置，单击鼠标确定圆角矩形的一个顶点，移动光标到合适的位置再单击鼠标确定其对角顶点，从而完成圆角矩形的绘制。

③此时软件仍处于绘制圆角矩形的状态，重复步骤②的操作即可绘制其他圆角矩形。右击鼠标或按"Esc"键退出操作。

④设置圆角矩形属性。双击需要设置属性的圆角矩形（或在绘制状态下按"Tab"键），系统即弹出相应的圆角矩形属性编辑面板，如图4-5所示。

其中常用属性设置选项如下。

• "Corner X Radius"：设置1/4圆角X轴的半径长度。

• "Corner Y Radius"：设置1/4圆角Y轴的半径长度。

其他属性与矩形的属性设置规则一致，这里不再赘述。

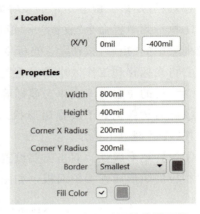

图4-5 圆角矩形属性编辑面板

（5）放置多边形。放置多边形的步骤如下。

①执行菜单栏命令"放置"→"多边形"，或单击绘制工具栏"放置线"按钮，然后单击下拉列表中的"多边形"按钮，光标变成十字形状。

②将光标移到工作区要放置多边形的位置，单击鼠标确定多边形的一个顶点，接着每单击一下鼠标就确定一个顶点，绘制完成后单击鼠标右键退出当前多边形的绘制。

③此时软件仍处于绘制多边形的状态，重复步骤②的操作即可绘制其他多边形。右击鼠标或按"Esc"键退出操作。

多边形属性的设置和矩形及圆角矩形的属性设置大致相同，这里不再赘述。

（6）创建器件。创建器件的步骤如下。

①执行菜单栏命令"工具"→"新器件"，弹出"New Component"对话框。

②输入器件名称，单击"确定"按钮，即可创建一个新的器件，如图4-6所示。

图4-6 创建器件

（7）添加部件（子件）。当一个元件（器件）封装包含多个相对独立的功能部分（部件）时，可以使用子件。原则上，任何一个元件都可以被任意地划分为多个部件（子件），这在电气意义上没有错误，在原理图的设计上增强了可读性和绘制方便性。

子件是属于元件的一个部分，如果一个元件被分为子件，则该元件至少有两个子件，元件的管脚会被分配到不同的子件当中。

添加部件的步骤如下。

①选中需要添加新部件的器件，执行菜单栏命令"工具"→"新部件"，或单击绘制工具栏中的"添加器件部件"按钮，会生成两个部件："Part A"和"Part B"，如图 4-7 所示。

②重复步骤①的操作可以添加部件"Part C""Part D"

（8）放置管脚。放置管脚的步骤如下。

图 4-7　添加部件

①执行菜单栏命令"放置"→"管脚"，或单击绘制工具栏"放置管脚"按钮 ，光标变成十字形状，并带有一个管脚图标。

②将该管脚移到矩形边框处单击，完成放置。放置管脚时，一定要保证具有电气特性的一端，即带有"×"号的一端朝外，如图 4-8 所示，在放置管脚时按空格键可以实现管脚的旋转。

③此时仍处于放置管脚的状态，重复步骤②的操作即可放置其他管脚。

④设置管脚属性。双击需要设置属性的管脚（或在绘制状态下按"Tab"键），系统即弹出相应的管脚属性编辑面板，如图 4-9 所示。

图 4-8　放置管脚

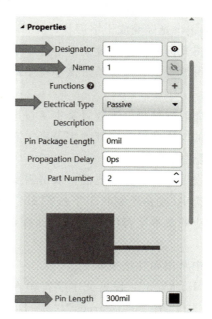

图 4-9　管脚属性编辑面板

其中常用属性设置选项如下。

• "Designator"：设置元件管脚的序号，序号与 PCB 封装焊盘管脚相对应。后面的"显示/隐藏"按钮⊙用于设置该项的显示或隐藏。

• "Name"：设置元件管脚的名称。方便用户对信号功能的识别，如"VCC""GND"。

• "Electrical Type"：设置元件管脚的电气类型。

"Input"：输入管脚，用于输入信号。

"I/O"：输入/输出管脚，既有输入信号又有输出信号。

"Output"：输出管脚，用于输出信号。

"Open Collector"：集电极开路管脚。

"Passive"：无源管脚。

"Hiz"：高阻抗管脚。

"Open Emitter"：发射极管脚。

"Power"：电源管脚。

• "Pin Length"：设置管脚长度。

(9)放置文本字符串。为了增强原理图库的可读性，在某些关键的位置应该添加一些文字说明，即放置文本字符串，便于用户之间的交流。

放置文本字符串的步骤如下。

①执行菜单栏命令"放置"→"文本框"命令，或单击绘制工具栏中的"放置文本字符串"按钮**A**，光标变成十字形状，并带有一个文本字符串标志"Text"。

②将光标移到要放置文本字符串的位置，单击鼠标即可放置字符串，单击该字符串即可输入文本内容。

③此时软件仍处于放置文本字符串状态，重复步骤②的操作即可放置其他字符串。右击鼠标或按"Esc"键退出操作。

④设置文本字符串属性。双击需要设置属性的文本字符串（或在绘制状态下按"Tab"键），系统将弹出相应的文本字符串属性编辑面板，如图 4-10 所示。

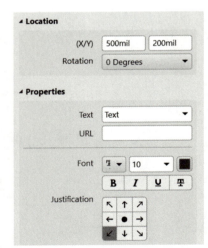

图 4-10　文本字符串属性编辑面板

其中常用属性选项如下。

• "Rotation"：设置文本字符串在原理图中的放置方向，有"0 Degrees""90 Degrees""180 Degrees"和"270 Degrees"4 个选项。

• "Text"：用于输入文本字符串的具体内容，也可以在放置文本字符串完毕后勾选该对象，然后直接单击，即可输入文本内容。

• "Font"：用于选择文本字符串的字体类型和字体大小等。

• ■：用于设置文本字符串的颜色。

• "Justification"：用于设置文本字符串的位置。

(10)放置文本框。上述"放置文本字符串"功能针对的主要是简单的单行文本，如果需要大量的文字说明，就需要使用文本框。文本框可以放置多行文本，字数没有限制。

放置文本框的步骤如下。

①执行菜单栏命令"放置"→"文本框"，或鼠标右击绘制工具栏中"A"字样图标按钮，在下拉列表中单击"放置文本框"按钮■，光标变成十字形状，并带有一个空白的文本框图标。

②将光标移到要放置文本框的位置，单击鼠标确定文本框的一个顶点，移动光标到合适位置再单击一次确定其对角顶点，完成文本框的放置。

③此时软件仍处于放置文本框的状态，重复步骤②的操作即可放置其他文本框。右击鼠标或按"Esc"键退出操作。

④设置文本框属性。双击需要设置属性的文本框(或在放置状态下按 Tab 键)，系统将弹出相应的文本框属性编辑面板，如图 4-11 所示。文本框常用属性设置选项与文本字符串常用属性设置选项大致相同，这里不再赘述。

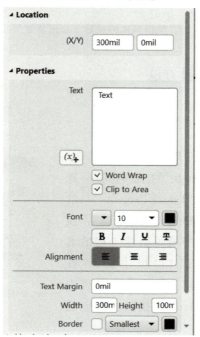

图 4-11　文本框属性编辑窗口

2）原理图库编辑器工作区参数

创建元件之前一般需要对工作区进行一些参数设置，从而更有效地进行创建。执行菜单栏命令"工具"→"文档选项"，进入原理图库编辑器工作区参数编辑窗口，如图4-12所示，并按照图示进行设置。

• "Sheet Border"：边界设置。

• "Show Hidden Pins"：显示隐藏的管脚，用来设置是否显示库元件隐藏的管脚，若勾选，则显示隐藏的管脚，一般默认勾选。

• "Visible Grid""Snap Grid"：可视栅格、捕捉栅格设置，一般将两者都设置为"100 mil"。

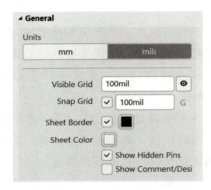

图4-12 原理图库编辑器工作区参数编辑窗口

2. 元件符号的绘制方法

1）手工绘制元件符号

（1）建立原理图库。

①新建PCB工程。执行菜单命令"文件"→"新的"→"项目"，在弹出的窗口中，在"LOCATIONS"类型中选择"Local Projects"，然后在"Project Type"中选择"PCB<Empty>"，接着在"Project Name"文本框中填写新建工程的名称，如"My_PCB_Project1"（可以中文），在"Folder"文本框中可以对新建工程的存储路径进行更改，设置好之后单击"Create"按钮即可创建好工程，如图4-13所示。

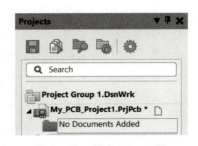

图4-13 新建PCB工程

②在PCB工程中创建原理图库文件。执行菜单命令"文件"→"新的"→"Library"，

在弹出的窗口中，在"LIBRARY TYPE"中选择"File"，然后选择"Schematic Library"，最后单击"Create"按钮即可创建好原理图库文件，如图 4 – 14 所示。

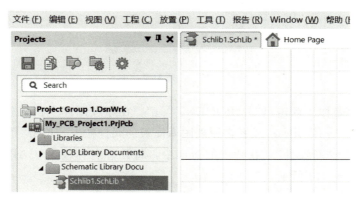

图 4 – 14   创建原理图库文件

③保存全部文档。单击工具栏中图标 ，将新建的原理图库文件保存在新建工程的文件夹下，"Schlib1"为默认原理图库文件名称，也可修改。

（2）绘制电容元件。

①切换库面板。单击"SCH Library"切换面板，如图 4 – 15 所示。

图 4 – 15   切换面板

出现默认元件，如图 4 - 16 所示。

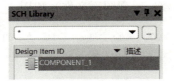

图 4 - 16　出现默认元件

②修改元件名称。双击"COMPONENT＿1"，在原理图库空白工作区右侧可修改元件名称，如图 4 - 17 所示；或者在原理图库面板的元件栏中，单击"添加"按钮或执行菜单命令"工具"→"新器件"，在弹出的窗口中，将元件名称改为"CAP"，单击"确定"按钮即可，如图 4 - 18 所示。

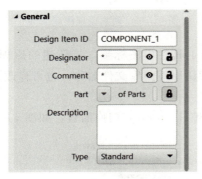

图 4 - 17　修改元件名称 1

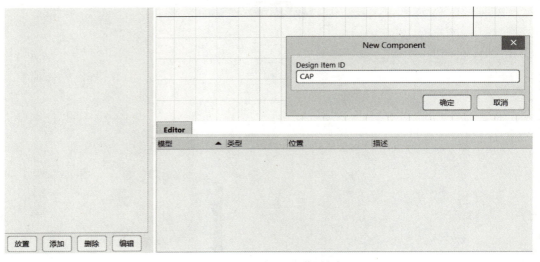

图 4 - 18　修改元件名称 2

③绘制电容外形。在绘制工具栏中单击"放置线"图标，或执行菜单命令"放置"→"线"，放置两条线，代表电容的两极，如图 4-19 所示。

④放置管脚。在绘制工具栏中单击"放置管脚"图标，或执行菜单命令"放置"→"管脚"，带着光标的管脚出现在原理图库的窗口中，一端会出现一个"×"表示管脚的电气特性，如图 4-20 所示。

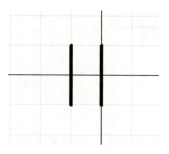

图 4-19　绘制电容的外形

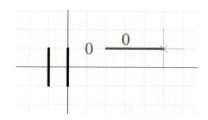

图 4-20　管脚出现在原理图库的窗口中

在管脚放置状态下按"Tab"键，对管脚属性进行设置，管脚名称（"Name"）和管脚序号（"Designator"）统一为数字 1 或 2，由于对于这类电容，管脚不需要进行信号识别，因此，设置时把"Name"的是否可见选项设置为（表示不可见），如图 4-21 所示，这样可以更加清晰地显示效果。

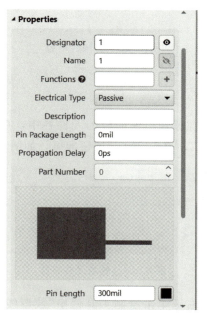

图 4-21　管脚属性设置

管脚属性设置完成后，即可放置管脚，放置时可以单击键盘上的空格键调整管脚的方向，注意有"×"的一端需朝外放置，用于原理图设计时连接电气走线。调整好位置和方向后，单击即可完成放置。电容绘制完成，如图4-22所示。

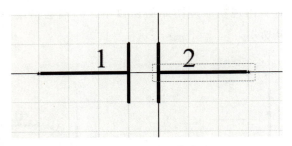

图4-22　放置管脚

如果想要这个电容有极性，那么可以根据实际的管脚情况，在绘制工具栏中单击"放置线"图标或"放置文本字符串"图标绘制极性标识，如图4-23所示。

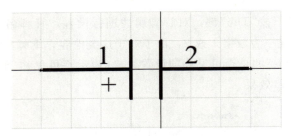

图4-23　有极性电容

⑤绘制完成后保存。

（3）绘制电感元件。

①新建元件并重命名。在原理图库面板的元件栏中，单击"添加"按钮，在弹出的窗口中，将元件名称改为"L"，单击"确定"按钮即可，如图4-24所示。

图4-24　修改元件名称

②绘制电感外形。鼠标右键单击绘制工具栏中"放置线"图标，在出现的下拉菜单中，单击"椭圆弧"图标，如图4-25所示。

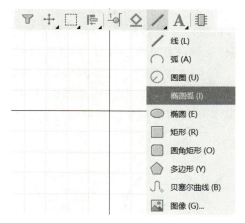

图 4 - 25　单击"椭圆弧"图标

移动光标到工作区窗口中，调整椭圆弧的起始点和结束点，如图 4 - 26 所示，椭圆弧默认颜色为蓝色，双击椭圆弧可以调整其颜色，如图 4 - 27 所示。

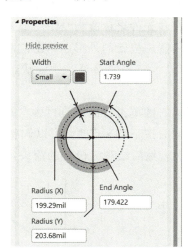

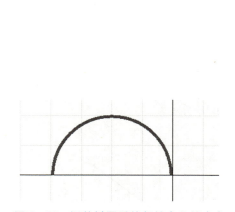

图 4 - 26　调整椭圆弧的起始点和结束点　　　**图 4 - 27　调整椭圆弧颜色**

选择已绘制的椭圆弧，在工作区空白处单击右键选择"复制"，然后单击右键选择"粘贴"，或使用快捷键"Ctrl＋C""Ctrl＋V"，共粘贴 3 次，效果如图 4 - 28 所示。

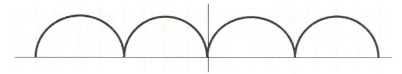

图 4 - 28　粘贴椭圆弧

③放置管脚。单击绘制工具栏中"放置管脚"图标。管脚出现在窗口中，此时按"Tab"键，对管脚属性进行设置，管脚名称（"Name"）和管脚序号（"Designator"）统一为数字1，设置时可把"Name"的是否可见选项设置为 ▨（表示不可见）。

管脚属性设置完成后，即可放置管脚，放置时可以单击键盘上的空格键调整管脚的方向，注意有"×"的一端需朝外放置，用于原理图设计时连接电气走线。调整好位置和方向后，单击即可完成管脚放置。电感绘制完成，如图4-29所示。

④绘制完成后保存。

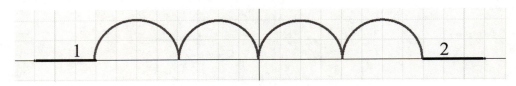

图4-29　电感绘制完成

（4）绘制NPN三极管。

①新建元件并重命名。在原理图库面板的元件栏中，单击"添加"按钮，在弹出的窗口中，将元件名称改为"NPN"，单击"确定"按钮即可。

②绘制三极管的外形。单击绘制工具栏中"放置线"图标，光标变成十字形状。绘制一个NPN三极管符号，放置状态下按空格键，可以调整线的方向，如图4-30（a）所示。

鼠标右键单击绘制工具栏中"放置线"图标，在出现的下拉菜单中，单击"多边形"图标，同时按下"Tab"键，可以调整多边形的填充颜色、边界颜色、边框宽度（可选择"Small"），然后绘制三极管的箭头，如图4-30（b）所示。

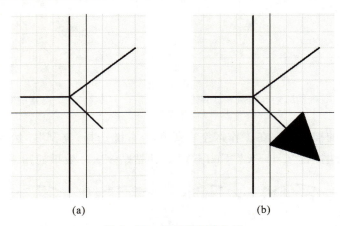

(a)　　　　　　　　　　(b)

图4-30　绘制三极管外形

③放置管脚。单击绘制工具栏中"放置管脚"图标。管脚出现在窗口中，此时按

"Tab"键，对管脚属性进行设置，管脚名称（"Name"）和管脚序号（"Designator"）统一为数字 1，设置时可把"Name"的是否可见选项设置为 🖉（表示不可见）。

管脚属性设置完成后，即可放置管脚，放置时可以单击键盘上的空格键调整管脚的方向，注意有"×"的一端须朝外放置，用于原理图设计时连接电气走线。调整好位置和方向后，单击即可完成管脚放置，NPN 三级管绘制完成，如图 4-31 所示。

④绘制完成后保存。

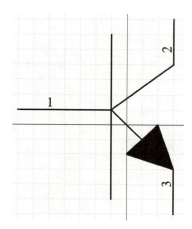

图 4-31　NPN 三极管绘制完成

2）Symbol Wizard 制作多管脚元件符号

在 Altium Designer 中，建立原理图库中的元件时可以使用一些辅助工具快速创建。这对于 IC（integrated circuit，集成电路）等元件的建立特别适用，一个 IC 芯片可能有几十个乃至几百个管脚，使用辅助工具可以大大简化建立过程。

这里以原理图元件 AT89C51 为例介绍使用 Symbol Wizard 制作多管脚元件符号的方法。具体操作步骤如下。

（1）在原理图库编辑界面下，执行菜单栏命令"工具"→"新器件"，新建一个器件，并重命名为"AT89C51"。

（2）执行菜单栏命令"工具"→"Symbol Wizard"，出现"Symbol Wizard"对话框，如图 4-32 所示。在"Symbol Wizard"对话框中可以对管脚的数量（"Number of Pins"）、管脚布局风格（"Layout Style"）等属性进行设置[AT89C51 管脚数量为 40，管脚布局风格选择"Dual in-line"（双列直插）布局风格]，然后按要求将相应的管脚序号（"Designator"）、管脚名称（"Display Name"）、管脚电气类型（"Electrical Type"）、管脚位置（"Side"）等内容进行填写，可以将这些管脚信息从器件规格书或者其他地方复制粘贴过来，不需要一个一个地手工填写。手工填写不仅耗时、费力，而且容易出错。

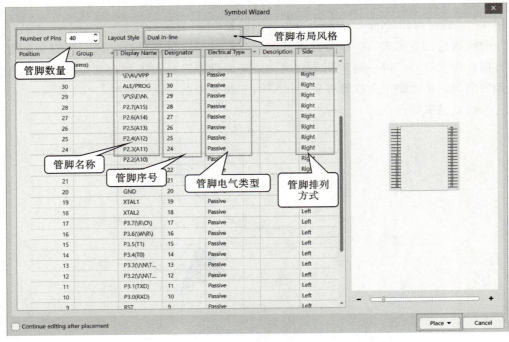

图 4 – 32　在"Symbol Wizard"面板中输入管脚信息

> **注意：** 输入"\I\N\T\0\"，INT0 上面就会出现上划线了。

（3）管脚信息输入完成后，单击向导设置对话框右下角的"Place"下拉按钮，在弹出菜单中执行"Place Symbol"命令即可。这样就画好了 AT89C51 元件库符号，速度快且不易出错，效果如图 4 – 33 所示。

3）绘制含有子部件的元件符号

下面以含有子部件的元件 LMV358（运算放大器）为例，介绍绘制含有子部件元件符号的方法。

（1）绘制元件符号的第一个部件。

①执行菜单栏命令"工具"→"新器件"，创建一个新的原理图库元件，并将该元件重命名为"LMV358"。

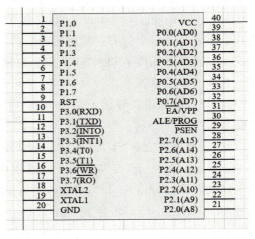

图 4 – 33　用 Symbol Wizard 制作的元件符号

②执行菜单栏命令"工具"→"新部件"，或单击绘制工具栏中的"添加器件部件"按钮，即可为元件添加部件。生成两个部件："Part A"和"Part B"，如图 4-34 所示。

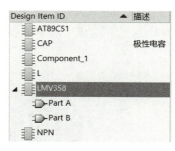

图 4-34　为元件添加子部件

③在 Part A 里绘制第一个部件。单击绘制工具栏中的"放置多边形"按钮，光标变成十字形状，在工作区原点位置绘制一个三角形的运算放大器符号。

④放置管脚。单击绘制工具栏中的"放置管脚"按钮，光标变成十字形状，并带有一个管脚图标。将该管脚移到运算放大器符号边框处，带有"×"的一端朝外，单击鼠标即可完成放置。同样的方法，将其他管脚放置在运算放大器三角形符号上。

在管脚放置状态下，按下键盘上的"Tab"键，或管脚放置完成后，双击管脚，出现管脚属性编辑面板，为每一个管脚设置管脚名称、管脚序号、电气类型等。这样就完成了第一个部件的绘制，如图 4-35(a)所示。

(2)绘制元件的第二个部件。

按照上述第一个部件的绘制方法，在 Part B 中绘制第二个部件，如图 4-35(b)所示，也可以采用复制、粘贴的方法完成第二个部件的创建。绘制完毕，单击"保存"。这样就完成了含有两个部件的元件符号的绘制。使用同样的方法，在原理图库中可以创建含有多个部件的元件。

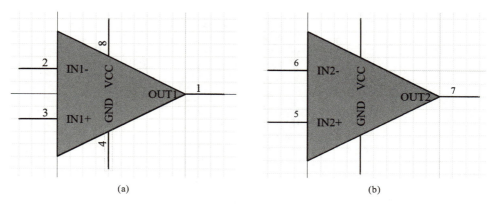

(a)　　　　　　　　　　　　　　　(b)

图 4-35　绘制元件子部件

3. PCB 元件库常用操作命令

打开或新建一个 PCB 元件库文件，即可进入 PCB 元件库文件编辑器界面，PCB 元件库编辑器界面包含菜单栏、工具栏、绘制工具栏、面板栏、PCB 封装列表、PCB 封

Altium Designer 电路设计与制作

装信息显示、层显示、状态信息显示及绘制工作区，如图 4-36 所示，丰富的信息显示窗口及绘制工具组成了非常人性化的交互界面。

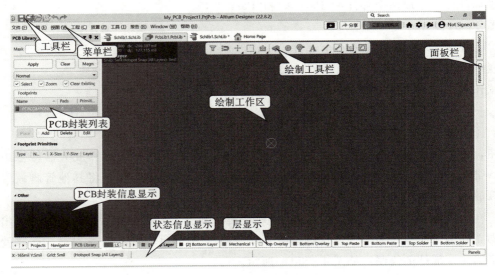

图 4-36　PCB 元件库编辑器界面

PCB 元件库编辑器界面中的绘制工具栏中列出了 PCB 元件库常用的操作命令按钮，如图 4-37 所示。其中各个按钮与"放置"下拉菜单中的各项命令具有对应关系。

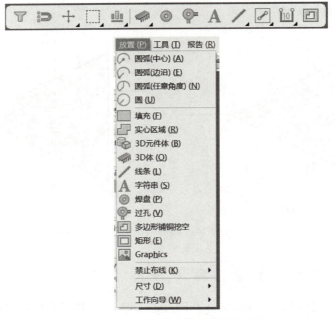

图 4-37　PCB 元件库常用操作及命令

（1）放置线条。放置线条的步骤如下。

①执行菜单栏命令"放置"→"线条"，或单击绘制工具栏中的"放置线条"按钮，光标变成十字形状。

②将光标移到绘制工作区中要放置线条的位置，单击鼠标确定线条的起点，多次单击确定多个固定点。在放置线条的过程中，如需要拐弯，可以单击确定拐弯的位置，同时按"Shift＋空格键"组合键切换拐弯模式。在 T 形交叉点处，系统不会自动添加结点。线条绘制完毕后，右击鼠标或按"Esc"键退出。

③设置线条属性。双击需要设置属性的线条（或在绘制状态按"Tab"键），系统将弹出相应的线条属性编辑面板，如图 4－38 所示。

其中常用属性设置选项如下。

• "Width"：设置线条的宽度。

• "Layer"：设置线条所在的层。

（2）放置焊盘。放置焊盘的步骤如下。

①执行菜单栏命令"放置→焊盘"，或者单击绘制工具栏中的"放置焊盘"按钮，光标变成十字形状并带有一个焊盘图标。

②将光标移到要放置焊盘的位置，单击即可放置该焊盘。

③此时软件仍处于放置焊盘状态，重复步骤②的操作即可放置其他的焊盘。

④设置焊盘属性。双击需要设置属性的焊盘（或在放置状态下按"Tab"键），系统将弹出相应的焊盘属性编辑面板，如图 4－39 所示。

其中常用属性设置选项如下。

• "Designator"：设置焊盘的标号，该标号要与原理图库中的元件符号的管脚序号相对应。

• "Layer"：设置焊盘所在的层。

• "Shape"：设置焊盘的外形，有"Round"（圆形）、"Rectangle"（矩形）、"Octagon"（八边形）、"Rounded Rectangle"（圆角矩形）4 种形状可供选择。

• (X/ Y)：设置焊盘的尺寸。

（3）放置过孔。放置过孔的步骤如下。

①执行菜单栏命令"放置"→"过孔"，或者单

图 4－38 线条属性编辑面板

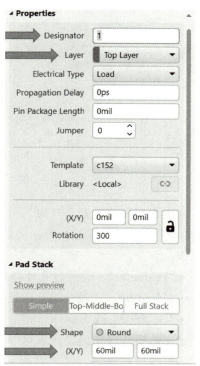

图 4－39 焊盘属性编辑面板

击绘制工具栏中的"放置过孔"按钮 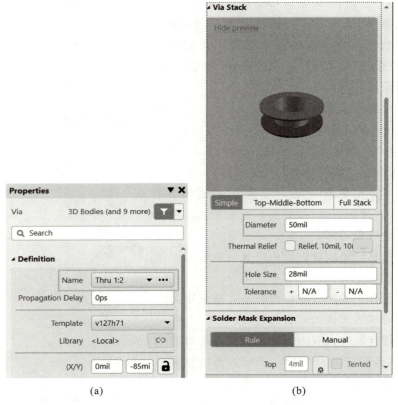，光标变成十字形状并带有一个过孔图标。

②将光标移到需要放置过孔的位置，单击鼠标即可放置过孔。

③此时软件仍处于放置过孔状态，重复步骤②的操作即可放置其他过孔。

④设置过孔属性。双击需要设置属性的过孔（或在放置状态下按"Tab"键），系统将弹出相应的过孔属性编辑面板，如图4-40所示。

(a)   (b)

图4-40　过孔属性编辑面板

其中常用属性设置选项如下。

•"Name"：设置过孔所连接到的层。下拉列表列出了在"层堆栈"中定义的所有通孔范围。

•"Diameter"：设置过孔外径尺寸。

•"Hole Size"：设置过孔内径尺寸。

•"Solder Mask Expansion"：设置过孔顶层和底层阻焊层扩展值，选择"Rule"则遵循适用的阻焊层扩展设计规则中的定义值，默认为4 mil；选择"Manual"可手动指定通孔的阻焊层扩展值。勾选"Tented"复选框可取消阻焊层扩展（即盖油）。

（4）放置圆弧和圆。圆弧和圆的放置方法与前文一致，这里不再赘述。

（5）放置填充。放置填充的步骤如下。

①执行菜单栏命令"放置"→"填充"，或者鼠标右击绘制工具栏中的"放置线"按钮，然后单击"填充"按钮▩，光标变成十字形状。

②将光标移到要放置填充的位置，单击鼠标确定填充的一个顶点，移动光标到合适的位置再一次单击确定其对角顶点，从而完成填充的绘制。

③此时软件仍处于放置填充状态，重复步骤②的操作即可绘制其他的填充。

④设置填充属性。双击需要设置属性的填充（或在绘制状态下按"Tab"键），系统将弹出相应的填充属性编辑面板，如图 4－41 所示。

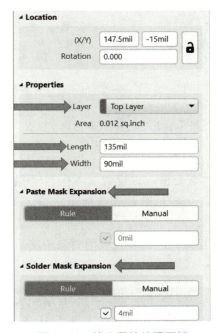

图 4－41　填充属性编辑面板

其中常用属性设置选项如下。

• "Layer"：设置填充所在的层。

• "Length"：设置填充的长度。

• "Width"：设置填充的宽度。

• "Paste Mask Expansion"：设置填充的助焊层外扩值。

• "Solder Mask Expansion"：设置填充的阻焊层外扩值。

（6）阵列式粘贴。阵列式粘贴是 Altium DesignerPCB 设计中更加灵巧的粘贴工具，可一次把复制的对象粘贴出多个排列成圆形或线性阵列的对象。阵列式粘贴的使用方法如下。

①复制一个对象后，执行菜单栏命令"编辑"→"特殊粘贴"，在弹出的对话框中单

击"粘贴阵列"。

②在弹出的"设置粘贴阵列"对话框中输入需要的参数，即可把复制的对象粘贴出多个排列成圆形或线性阵列的对象，如图 4 - 42 所示。

图 4 - 42　设置粘贴阵列属性面板

•"对象数量"：要粘贴的对象数量。

•"文本增量"：输入正/负数值，以设置文本的自动递增/递减。例如，复制标识为 1 焊盘，若文本增量为 1，之后粘贴的焊盘标识将按 2、3、4…排列；若增量为 2，则标识按 3、5、7…排列。

•"间距（度）"：进行圆形阵列时需要设置的对象角度，间距×对象数量＝360°。

③粘贴后的效果如图 4 - 43 所示。

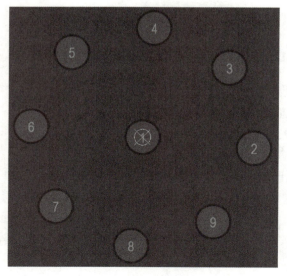

图 4 - 43　阵列式粘贴效果

4. 封装制作

1）手工制作封装

以 LMV358 芯片为例，进行手工创建封装的详细介绍，LMV358 芯片的封装尺寸如图 4 - 44 所示。

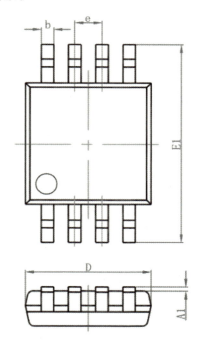
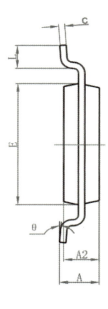

Symbol	Dimensions In Millimeters		Dimensions In Inches	
	Min	Max	Min	Max
A	0.820	1.100	0.032	0.043
A1	0.020	0.150	0.001	0.006
A2	0.750	0.950	0.030	0.037
b	0.250	0.380	0.010	0.015
c	0.090	0.230	0.004	0.009
D	2.900	3.100	0.114	0.122
e	0.650(BSC)		0.026(BSC)	
E	2.900	3.100	0.114	0.122
E1	4.750	5.050	0.187	0.199
L	0.400	0.800	0.016	0.031
θ	0°	6°	0°	6°

图 4 - 44　LMV358 封装尺寸

①执行菜单栏命令"文件"→"新的"→"Library"，在弹出的对话框中选择"PCB Library"，单击"Create"，在 PCB 元件库编辑界面会出现一个新的名为

"PcbLib1.PcbLib"的库文件和一个名为"PCBCOMPONENT_1"的空白图纸,如图4-45所示。

②单击快速访问工具栏中的保存按钮或者按快捷键"Ctrl+S",将库文件保存,同时也可修改文件名。

③双击"PCBCOMPONENT_1",可以更改元件的名称,如图4-46所示,将元件名称修改为"LMV358"。

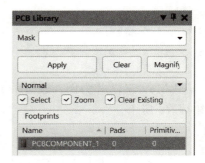

图4-45 新建PCB库文件

图4-46 更改元件名称

④执行菜单栏命令"放置"→"焊盘",在放置焊盘状态下按"Tab"键设置焊盘属性,该元件是表面贴片元件(若是直插器件,"Layer"应设置为"Multi-Layer"),焊盘的属性设置如图4-47所示。

⑤从规格书中可以了解到横向焊盘的中心到中心的间距为0.65 mm,纵向焊盘中心到中心的间距为3.95 mm,按照规格书所示的管脚序号和间距依次摆放焊盘。放置焊盘通常可通过以下两种方法来实现焊盘的精准定位。

Ⅰ.先将两个焊盘重合放置,然后选择其中一个焊盘,鼠标右击绘制工具栏中"移动所选"按钮 ,在下拉列表中单击选择"X,Y方向移动所选(X)⋯"命令,即可弹出如图4-48所示的对话框,根据规格书设置需要移动的距离(建议使用此方式,更方便快捷)。

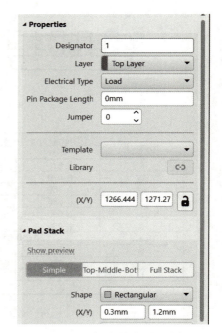

图4-47 焊盘属性设置面板

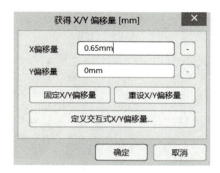

图 4-48　通过偏移量移动对象

X 代表水平移动，正数代表向右移动，负数代表向左移动。

Y 代表垂直移动，正数代表向上移动，负数代表向下移动。

⊡按钮可切换正负数值。

Ⅱ. 双击焊盘，通过计算并输入 X/Y 坐标移动对象，如图 4-49 所示。经移动后得到中心距为 0.65 mm 的两个焊盘（执行菜单栏命令"报告"→"测量距离"或按快捷键"Ctrl+M"），如图 4-50 所示。

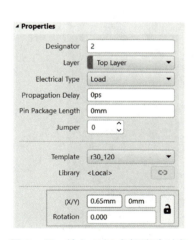

图 4-49　输入 X/Y 坐标移动对象

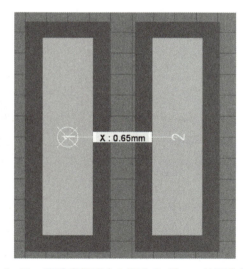

图 4-50　移动后得到中心距为 0.65 mm 的两个焊盘

⑥之后的 3、4 脚，可以利用复制和粘贴功能快速移动。选中 2 脚焊盘，按快捷键"Ctrl+C"复制，将复制参考点放到 1 脚中心，接着按快捷键"Ctrl+V"粘贴，此时将粘贴参考点放到 2 脚中心，如图 4-51 所示，再双击更改管脚标号即可。

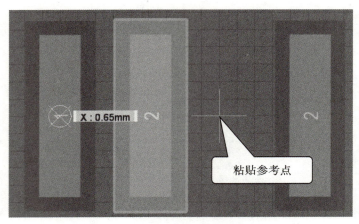

图 4-51　粘贴操作

　　⑦选择焊盘 1，复制、粘贴，放置状态下按下"Tab"键（或双击粘贴后的焊盘），输入 X/Y 坐标移动对象，确定焊盘 5、6 的位置，如图 4-52（a）所示，然后重复步骤⑥中移动及复制和粘贴操作，完成焊盘 7、8 的放置，最终绘制效果如图 4-52（b）所示，可按快捷键"Ctrl＋M"进行测量验证。

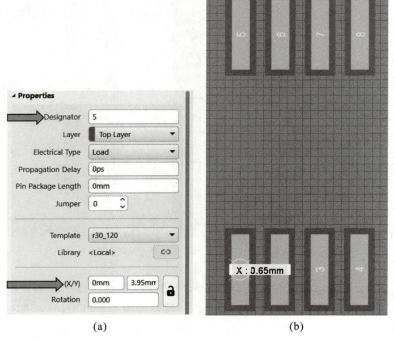

(a)　　　　　　　　　　(b)

图 4-52　放置所有焊盘

⑧在顶层丝印层绘制元件丝印，按照上文放置线条的方法，根据器件规格书的尺寸绘制出元件的丝印框，线宽一般采用 0.2 mm，并在 1 脚附近放置 1 脚标识（可用圆圈、圆点等方式标识）。

⑨放置元件原点，执行菜单栏命令"编辑"→"设置参考"→"中心"，或按快捷键"E＋F＋C"将器件参考点定在元件中心。

⑩检查以上参数无误后，即完成了手工创建封装的步骤，如图 4 - 53 所示。

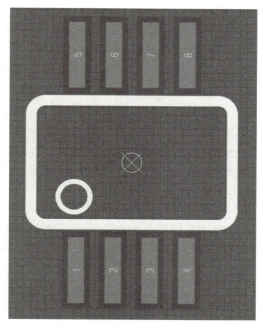

图 4 - 53　创建好的封装

2）向导制作封装

PCB 元件库编辑器菜单栏的"工具"下拉菜单中"IPC Compliant Footprint Wizard"或"元器件向导"命令，可以根据元件数据手册填入封装参数，快速、准确地创建一个元件封装。

下面以 SOP - 8 和 DIP14 为例介绍向导制作封装的详细步骤。

（1）IPC（The Institute Of Printed Circuits，美国印制电路板协会）向导制作封装。以 SOP - 8 封装制作为例，SOP - 8 封装规格书如图 4 - 54 所示。

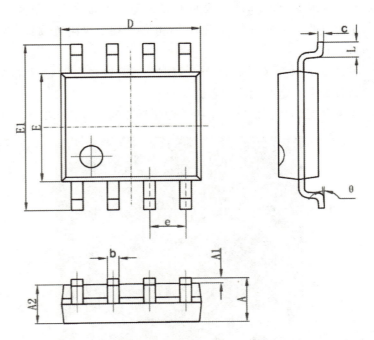

Symbol	Dimensions In Millimeters		Dimensions In Inches	
	Min	Max	Min	Max
A	1.350	1.750	0.053	0.069
A1	0.100	0.250	0.004	0.010
A2	1.350	1.550	0.053	0.061
b	0.330	0.510	0.013	0.020
c	0.170	0.250	0.006	0.010
D	4.700	5.100	0.185	0.200
E	3.800	4.000	0.150	0.157
E1	5.800	6.200	0.228	0.244
e	1.270 (BSC)		0.050 (BSC)	
L	0.400	1.270	0.016	0.050
θ	0°	8°	0°	8°

图 4 - 54　SOP - 8 封装规格书

　　①在 PCB 元件库编辑界面下，执行菜单栏命令"工具"→"IPC Compliant Footprint Wizard"，弹出 PCB 元件库向导，如图 4 - 55 所示。

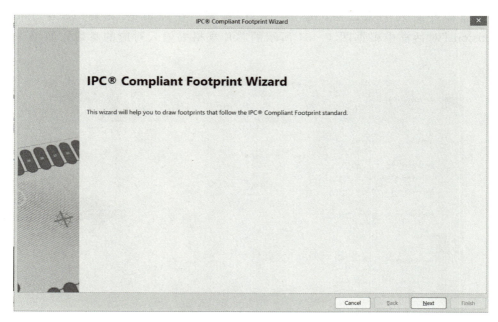

图 4 - 55　打开 PCB 元件库向导

②单击"Next"按钮，在弹出的"Select Component Type"对话框中，选择相对应的封装类型，这里选择"SOP"系列，如图 4 - 56 所示。

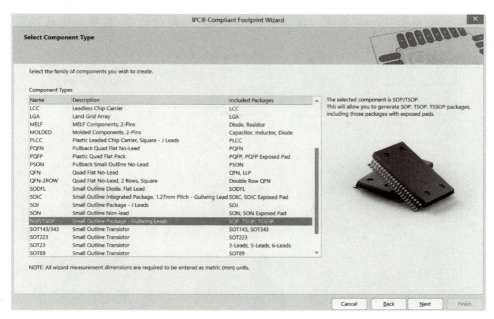

图 4 - 56　选择封装类型

③选择好封装类型之后，单击"Next"按钮，在弹出的"SOP/TSOP Package Dimensions"对话框中根据图 4 - 54 所示的芯片规格书输入对应的参数，如图 4 - 57 所示。

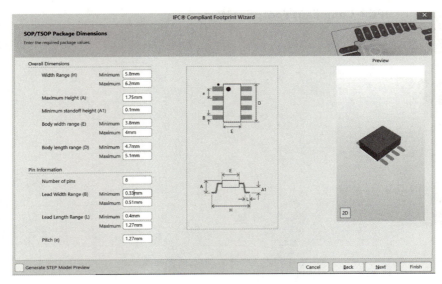

图 4 - 57 输入芯片参数

④参数输入完成后，单击"Next"按钮。在弹出的对话框中保持参数的默认值（即不用修改），一直单击"Next"按钮，直到在"Pad Shape"（焊盘外形）选项组中选择焊盘的形状，如图 4 - 58 所示。

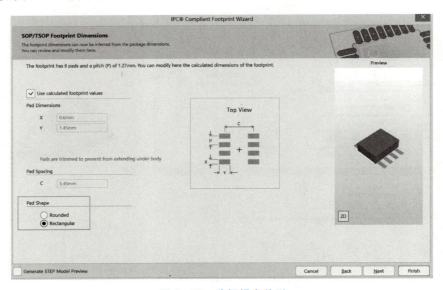

图 4 - 58 选择焊盘外形

⑤选择好焊盘外形以后，继续单击"Next"按钮，直到最后一步，编辑封装信息，如图 4 - 59 所示。

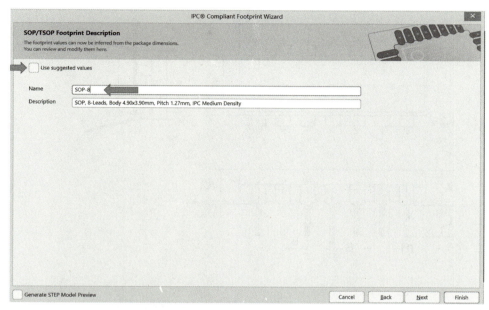

图 4 - 59　编辑封装信息

⑥单击"Finish"按钮，完成封装的制作，效果如图 4 - 60 所示。

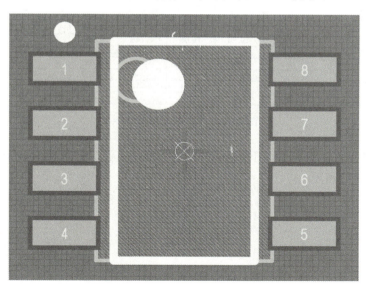

图 4 - 60　创建好的 SOP - 8 封装

（2）元器件向导封装制作。以 DIP14 封装制作为例，DIP14 封装规格书如图 4 - 61 所示。

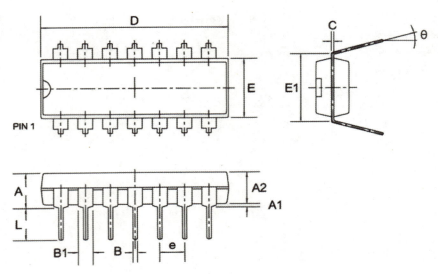

Symbol	Dimensions in Milimeters			Dimensions in Inches		
	Min	Nom	Max	Min	Nom	Max
A	——	——	4.31	——	——	0.170
A1	0.38	——	——	0.015	——	——
A2	3.15	3.40	3.65	0.124	0.134	0.144
B	——	0.46	——	——	0.018	——
B1	——	1.52	——	——	0.060	——
C	——	0.25	——	——	0.010	——
D	19.00	19.30	19.60	0.748	0.760	0.772
E	6.20	6.40	6.60	0.244	0.252	0.260
E1	——	7.62	——	——	0.300	——
e	——	2.54	——	——	0.100	——
L	3.00	3.30	3.60	0.118	0.130	0.142
θ	0°	——	15°	0°	——	15°

图 4 - 61   DIP14 封装规格书

①在 PCB 元件库编辑界面下，执行菜单栏命令"工具"→"元器件向导"，出现封装向导，如图 4 - 62 所示。

图 4 - 62　打开封装向导

②单击"Next"按钮，选择创建 DIP 系列，单位选择"mm"，如图 4 - 63 所示。

图 4 - 63　选择封装类型

③选择好封装类型之后，单击"Next"按钮，在弹出的定义焊盘尺寸的对话框中根据图 4 - 61 所示的芯片封装规格输入对应的参数，如图 4 - 64 所示。

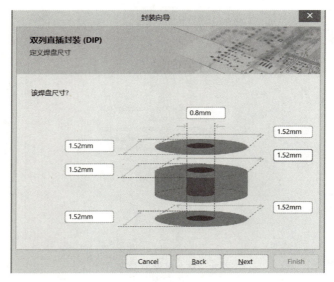

图 4-64 焊盘参数

④参数输入完成后，单击"Next"按钮。在弹出的定义焊盘布局的对话框中根据图 4-61所示的芯片规格书输入对应的参数，如图 4-65 所示。

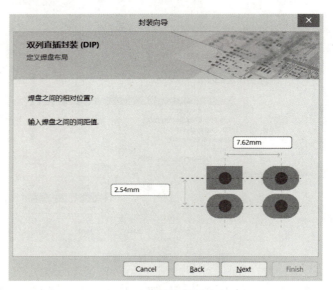

图 4-65 焊盘间距参数

⑤单击"Next"按钮，出现"设置焊盘数目"对话框，编辑焊盘数目为"14"，继续单击"Next"按钮，出现"设置元器件名称"对话框，编辑此 DIP 芯片名称为"DIP14"。

⑥单击"Finish"按钮，完成封装的制作，效果如图 4-66 所示。

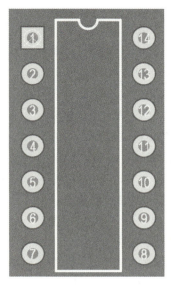

图 4 - 66　创建好的 DIP14 封装

3) 异形焊盘制作

不规则的焊盘被称为异形焊盘，典型的有金手指、锅仔片、手机按键等，常规的焊盘无法设置成异形，所以异形焊盘只能手动绘制。

下面以一个锅仔片为例进行说明。

（1）执行菜单栏命令"放置"→"圆弧（任意角度）"，放置圆弧，双击更改到需要的尺寸要求（这里用 6 mm 锅仔片，圆环直径为 5 mm，圆环粗细为 1 mm），如图 4 - 67 所示。

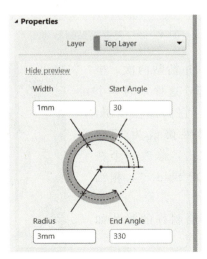

图 4 - 67　放置圆弧

（2）放置中心表贴焊盘，并设置焊盘管脚序号，接着给圆环区域设置标号，就是在该区域中放置一个小焊盘，焊盘标号设置为2（焊盘直径与圆环粗细一样即可，即保证焊盘能被区域覆盖），如图4－68所示。

图4－68　放置焊盘

正常的焊盘都有铜皮层、用于裸露铜皮的阻焊层和用于上锡膏的助焊层，即需要将该轮廓在"Top Layer""Top Solder""Top Paste"重合（一般，"Top Solder"比焊盘单边大2.5 mil，即在"Top Solder"放置比顶层宽5 mil的圆环；而"Top Paste"和焊盘区域是一样大的，所以放置与顶层一样大的圆环即可），其重合方式的设置方法有以下两种。

①勾选圆环区域，按快捷键"Ctrl＋C"，然后切换到"Top Solder"，执行菜单栏命令"编辑"→"特殊粘贴"，弹出"选择性粘贴"对话框，勾选"粘贴到当前层"，如图4－69所示。重复本操作，粘贴到"Top Paste"。完成三个层的重合叠加。

图4－69　复制粘贴到当前层

②或者复制上述圆环，并粘贴两次，坐标与原来的圆环为同一坐标。这样，同一个位置上有三个相同的圆环，它们都在顶层，双击任意一个圆环，层属性修改为"Top Paste"，粗细不变。再次双击，修改一个在顶层的圆环，层属性为"TOP Solder"，粗细为1.2 mm。

（3）绘制完成后保存，绘制好的封装如图4－70所示。

图4－70　完整的锅仔片封装

　　注意： 有些异形焊盘封装在 PCB 库中无法创建，需要利用转换工具(执行菜单栏命令"工具"→"转换"→"从选择的元素创建区域")先转换复制到 PCB 库中使用。常见的是使用区域创建异形焊盘封装，如图 4-71 所示。

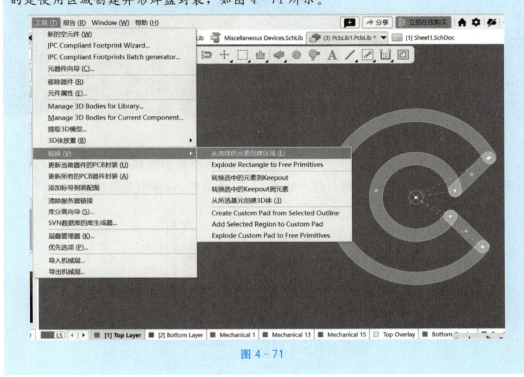

图 4-71

5. 创建并导入 3D 元件

　　Altium Designer 对于 STEP(standard exchange of product model data，产品模型数据交换标准)格式的 3D 模型的支持及导入/导出，极大地方便了 ECAD(electronic computer-aided design，计算机辅助电子设计)和 MCAD(mechanical computer-aided design，计算机辅助机械设计)之间的无缝协作。在 Altium Designer 中 3D 元件体的来源一般有以下 3 种。

　　(1)用 Altium 自带的 3D 元件体绘制功能，绘制简单的 3D 元件体模型。

　　(2)在其他网站下载 3D 模型，用导入的方式加载 3D 模型。

　　(3)用 SOLIDWORKS 等专业三维软件来创建。

1)绘制简单的 3D 模型

　　使用 Altium 自带的 3D 元件体绘制功能，可以绘制简单的 3D 元件体模型，下面以R0603 为例绘制简单的 0603 封装的 3D 模型。绘制步骤如下。

　　(1)打开封装库，找到 R0603 封装，如图 4-72 所示。

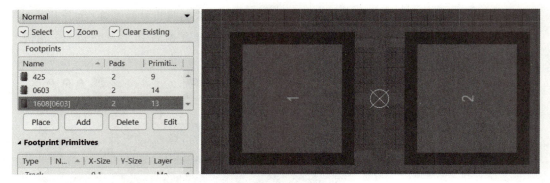

图 4 - 72　R0603 封装

（2）执行菜单栏命令"放置"→"3D 元件体"，软件会自动跳到 Mechanical Layer 并出现一个十字光标，按"Tab"键，弹出如图 4 - 73 所示的 3D 模型参数设置面板。

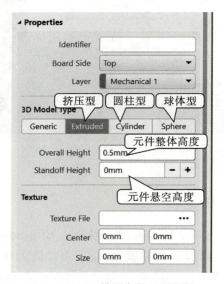

图 4 - 73　3D 模型参数设置面板

（3）选择"Extruded"（挤压型），并按照 R0603 的封装规格书输入参数，如图 4 - 74 所示。

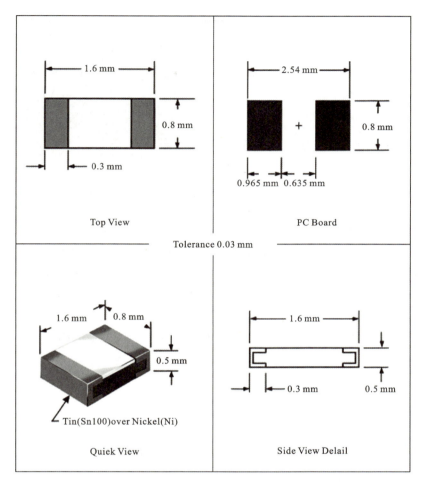

图 4 - 74　R0603 封装尺寸

（4）设置好参数后，按照实际尺寸绘制 3D 元件体，绘制好的网状区域即 R0603 的实际尺寸，如图 4 - 75 所示。

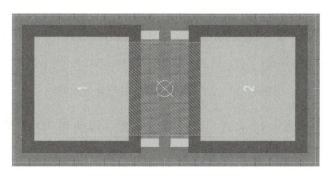

图 4 - 75　绘制好的 3D 模型

（5）按键盘的主数字键 3，进入三维
状态，查看 3D 效果，如图 4-76 所示。
数字键盘提供了用于操纵 PCB3D 视图的
一系列快捷键，通过"视图"→"3D View
Control"命令可查看相关操纵行为。

2）导入 3D 模型

一些复杂元件的 3D 模型，可以通过
导入 3D 元件体的方式放置 3D 模型，3D
模型可以通过 http：// www. 3dcontentc
entral. com/进行下载。

图 4-76 绘制好的 3D 元件体

下面对导入 3D 模型进行详细介绍。

打开 PCB 元件库，找到 R0603 封装，与上文中手工绘制 3D 模型步骤一样。

执行菜单栏命令"放置"→"3D 元件体"，软件会跳到机械层并出现一个十字形光
标。按 Tab 键会弹出如图 4-77 所示模型选择及参数设置对话框，选择"Generic"选项，
单击"Choose"按钮；或直接单击"放置"菜单栏中的"3D 体"命令，然后在弹出的
"Choose Mondel"对话框中选择后缀为"STEP"或"STP"的 3D 模型文件。

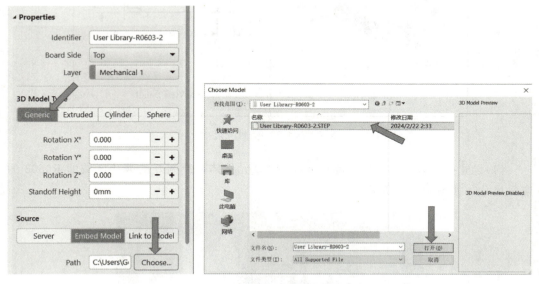

图 4-77 STEP 格式的 3D 模型导入选项

打开选择的 3D 模型，并放到相应的焊盘位置，切换到 3D 视图，查看效果，如
图 4-78 所示。

图 4 - 78　导入的 3D 模型

PCB 上的器件全部添加 3D 模型后，可以确保板子的设计形状和外壳的适配度。

6. 元件与封装的关联

有了原理图库和 PCB 元件库之后，接下来就是将原理图中的元件与其对应的封装关联起来，Altium Designer 提供了 3 种关联方式，用户可以给单个的元件匹配封装，也可以通过符号管理器或封装管理器批量关联封装。

1）给单个元件匹配封装

（1）打开 SCH Library 面板，选择其中一个元件，在"Editor"栏中执行"Add Footprint"命令，如图 4 - 79 所示。

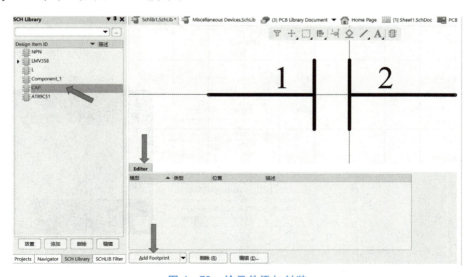

图 4 - 79　给元件添加封装

或者在原理图编辑界面下，双击器件，在弹出的"Properties"面板中单击"Add"按钮，选择"Footprint"命令，如图 4 - 80 所示。

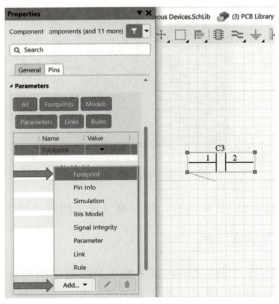

图 4-80　添加封装

（2）在弹出的"PCB 模型"对话框中，单击"浏览"按钮，在弹出的"浏览库"对话框中找到对应的封装库，然后添加相应的封装，即可完成元件与封装的关联，如图 4-81 所示。

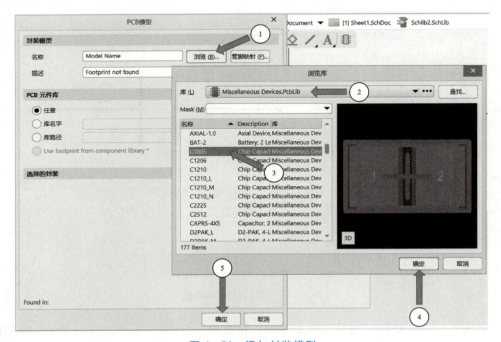

图 4-81　添加封装模型

2)符号管理器的使用

(1)在原理图库文件编辑界面执行菜单栏命令"工具"→"符号管理器",或按快捷键"T+A"。

(2)在弹出的"模型管理器"对话框中,如图 4-82 所示,左侧以列表的形式给出了元件,右侧的"Add Footprint"按钮则是用于为元件添加对应的封装。

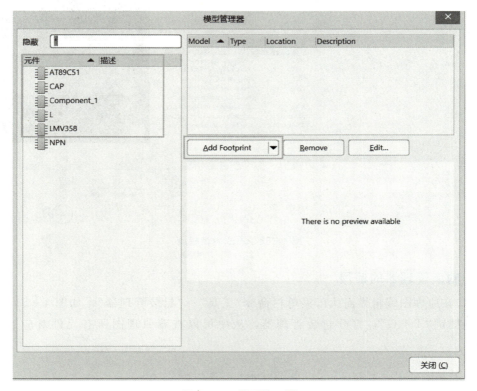

图 4-82 模型管理器

(3)单击"Add Footprint"右侧的下拉列表,在弹出的菜单中选择"Footprint"命令,弹出"PCB 模型"对话框,单击"浏览"按钮,在弹出的"浏览库"对话框中选择对应的封装,然后依次单击"确定"→"确定"按钮,即可完成元件符号与封装的关联,如图 4-83所示。

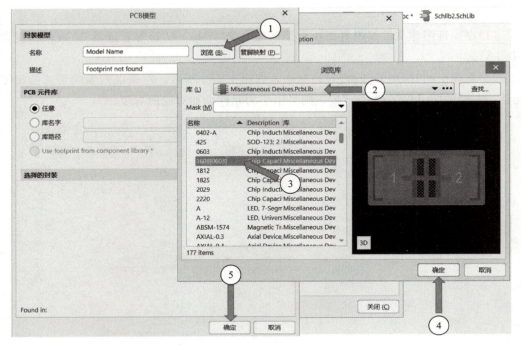

图 4 – 83　添加封装模型

3)封装管理器的使用

(1)在原理图编辑界面执行菜单栏命令"工具"→"封装管理器",如图 4 – 84 所示,或按快捷键"T＋G",打开封装管理器,从中可以查看原理图所有元件对应的封装模型。

图 4 – 84　打开封装管理器

　　如图 4-85 所示，封装管理器元件列表中"Current Footprint"一栏展示的是元件当前的封装，若元件没有封装，则对应的"Current Footprint"一栏为空，可以单击右侧"添加"按钮添加新的封装。

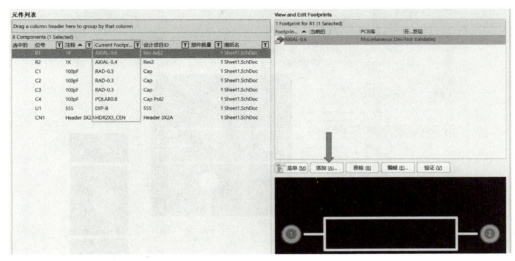

图 4-85　封装管理器

　　封装管理器不仅可以为单个元件添加封装，还可以同时对多个元件进行封装的添加、删除、编辑等操作，此外，还可以通过"注释"等值筛选，局部或全局更改封装名，如图 4-86 所示。

选中的	位号	注释 ▲	Current Footpr...	设计项目ID	部件数量	图纸名
R1	1K	AXIAL-0.6	Res Adj2	1	Sheet1.SchDoc
R2	1K	AXIAL-0.4	Res2	1	Sheet1.SchDoc
C1	100pF	RAD-0.3	Cap	1	Sheet1.SchDoc
C2	100pF	RAD-0.3	Cap	1	Sheet1.SchDoc
C3	100pF	RAD-0.3	Cap	1	Sheet1.SchDoc
C4	100pF	POLAR0.8	Cap Pol2	1	Sheet1.SchDoc
U1	555	DIP-8	555	1	Sheet1.SchDoc

图 4-86　封装管理器筛选功能的使用

　　(2)单击右侧的"添加"按钮，在弹出的"PCB模型"对话框中单击"浏览"按钮，选择对应的封装库并勾选需要添加的封装，单击"确定"按钮完成封装的添加，如图 4-87 所示。

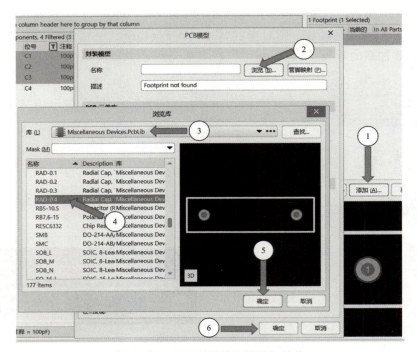

图 4 - 87　使用封装管理器添加封装

（3）添加完封装后，单击"接受变化（创建 ECO）"按钮，如图 4 - 88 所示。在弹出的"工程变更指令"对话框中依次单击"接受变更""执行变更"按钮，最后单击"关闭"按钮，即可完成在封装管理器中添加封装的操作，如图 4 - 89 所示。

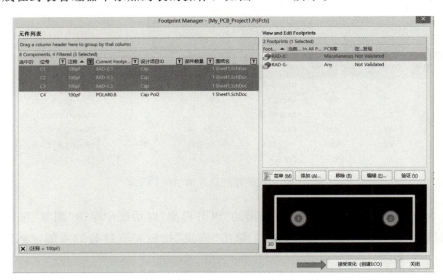

图 4 - 88　接受变化（创建 ECO）

图 4-89 "工程变更指令"对话框

7. 自制集成库

1）集成库的创建

在进行 PCB 设计时，经常会遇到这样的情况，即系统库中没有自己所需要的元件。这时可以创建自己的原理图库和 PCB 元件库。而如果创建一个集成库，它能将原理图库和 PCB 元件库的元件一一对应关联起来，使用起来更加方便、快捷。创建集成库的方法如下。

（1）执行菜单栏命令"文件"→"新的"→"Library"→"Integrated Library"，创建一个新的集成库文件。

（2）执行菜单栏命令"文件"→"新的"→"Library"→"Schematic Library"，创建一个新的原理库文件。

（3）执行菜单栏命令"文件"→"新的"→"Library"→"PCB Library"，创建一个新的 PCB 元件库文件。

（4）单击快速访问工具栏中的保存按钮，或快捷键"Ctrl＋S"，保存新建的集成库文件，将上面 3 个文件保存在同一路径下，如图 4-90 所示。

图 4-90 创建好的集成库文件

（5）为集成库中的原理图库和 PCB 元件库添加元件和封装，此处复制前面制作好的原理图库和 PCB 元件库，并将它们关联起来，即为原理图库元件添加相应的 PCB 封装，如图 4-91 所示。

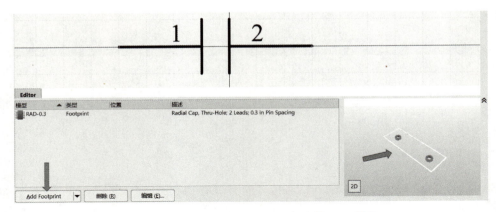

图 4-91　为原理图库文件添加相应的 PCB 封装

（6）将光标移动到"Integrated ＿ Library1. LibPkg"位置，右击选择"Compile Integrated Library Integrated ＿ Library1. LibPkg"（编译集成库）命令，如图 4-92 所示。

图 4-92　编译集成库

（7）在集成库保存路径下，"Project Outputs for Integrated ＿ Library1"文件夹中会得到集成库文件"Integrated ＿ Library1. IntLib"，如图 4-93 所示。需要注意的是，集成库不支持修改元件或封装，用户若想更改其一，需到原理图库或 PCB 元件库中进行修改，保存好后再次编译，以得到新的集成库。

图 4-93　得到的集成库文件

2）库文件的加载

设计过程中，设计人员有可能会收集整理不同的库文件，将常用的器件包含其中，方便下一次设计使用。将个人整理的库文件加载到软件中，可以在任意设计项目中调用库中的元件或封装，非常方便。以集成库的加载为例，详细步骤如下。

（1）在原理图或 PCB 编辑界面下，单击右下角的"Panels"按钮，在弹出的选项中单击"Components"命令。

（2）在弹出的"Components"面板中，单击按钮 ▤，在弹出的选项中单击"File‑based Libraries Preferences..."命令，如图 4‑94 所示。

（3）在弹出的"可用的基于文件的库"对话框中，单击"添加库"按钮，如图 4‑95 所示，选择库路径添加"Project Outputs for Integrated_Library1"文件夹中的"Integrated_Library1.IntLib"集成库文件，即可完成集成库的加载，如图 4‑96 所示。

图 4‑94　添加库步骤

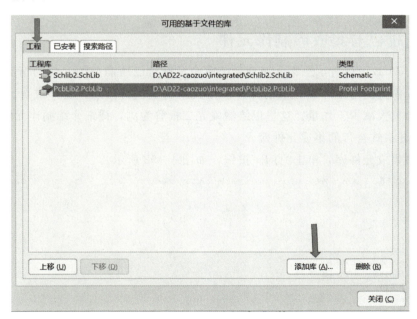

图 4‑95　完成集成库的加载

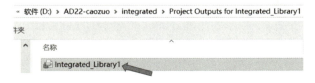

图 4‑96　添加对应的集成库文件

（4）成功加载后可在库下拉列表中看到新添加的集成库，如图 4-97 所示。

图 4-97　成功加载集成库文件

提示：想要加载其他库到 Altium 软件中，加载方法与加载集成库的方法一致。

8. 通过已有集成库制作元件

在进行 PCB 设计时，经常会遇到系统库中没有自己所需要的元件的情况。此时可以在系统库中找到与之外形相似的元件，在其基础上进行修改，制作成自己所需要的元件，这会大大减少工作量。这里以绘制发光二极管为例，详细介绍制作元件的步骤。

（1）打开系统自带的集成元件库。

①找到集成元件库，单击"打开"按钮，如图 4-98 所示。

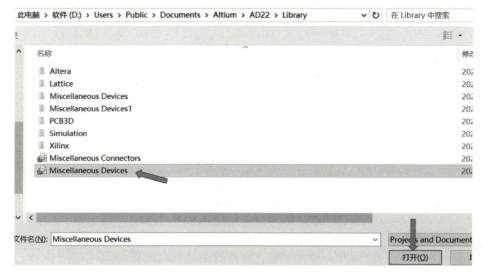

图 4-98　打开集成元件库

注意：下面这两个元件库是最常见也是最常用的，它们能满足基本的原理图和 PCB 制作。

Miscellaneous Connectors. IntLib   Miscellaneous Devices IntLib

②在弹出的对话框中，如图 4-99 所示，单击"Extract"按钮，会打开两个库文件，一个是原理图库，一个是 PCB 封装库，如图 4-100 所示。

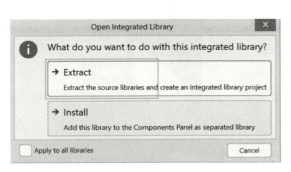

图 4-99 提取库文件

图 4-100 打开的库文件

③双击原理图库文件，然后单击左下角的"SCH Library"标签，显示出集成元件库中所有的元件，如图 4-101 所示。

图 4-101 原理图库中的元件

（2）复制集成库中的元件并粘贴到自己的元件库中。

①找到需要复制的元件，单击鼠标右键，选择"复制"选项或单击快捷键"Ctrl＋C"，如图4－102所示。

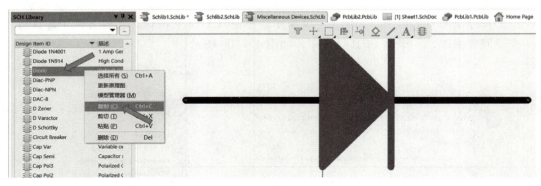

图4－102　复制元件

②打开自己的元件库，单击鼠标右键，选择"粘贴"选项，粘贴到自己的元件库中，如图4－103所示。

（3）修改元件。

①单击绘制工具栏中的"放置多边形"按钮，同时按"Tab"键，修改多边形参数，给二极管画箭头，然后选择"放置线"按钮，画一根走线，如图4－104所示。

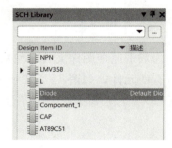

图4－103　粘贴到自己的元件库中

②按同样的方法绘制第二个箭头和走线（或者将第一个箭头和走线勾选，采用复制、粘贴的方法），绘制完成的发光二极管如图4－105所示。

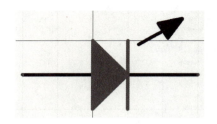

图4－104　给二极管画箭头和一根走线

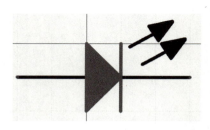

图4－105　绘制完成的发光二极管

（4）绘制完成后保存。

 学习引导

活动一　学习准备

(1)根据任务实施要求完成 PCB 工程文件的创建、保存。

(2)查阅资料，了解元件的命名规范及归类、封装的命名和规范。

活动二　制订计划

(1)熟悉原理图库的基本操作命令，同时查阅资料总结使用其中的操作命令时的注意事项。

(2)熟悉 PCB 元件库的基本操作命令，同时查阅资料总结使用其中的操作命令时的注意事项。

活动三　任务实施

(1)原理图库元件符号的绘制。

(2)PCB 元件库封装的制作。

(3)3D 元件的创建。

(4)元件与封装的关联。

(5)集成库的制作。

活动四　考核评价

知识考核

(1)原理图库和 PCB 元件库常用操作及命令有哪些？

(2)元件制作的方法有哪些？封装制作的方法有哪些？

(3)元件与封装绘制完成后，二者如何关联？

（4）如何制作自己的集成库？集成库元件制作后，如何安装使用？

（5）制作图 4-106 和图 4-107 所示原理图元件与 PCB 元件。

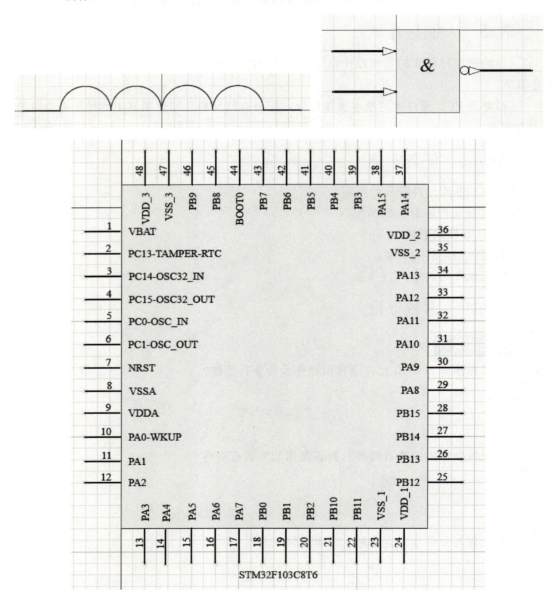

图 4-106　原理图元件要求

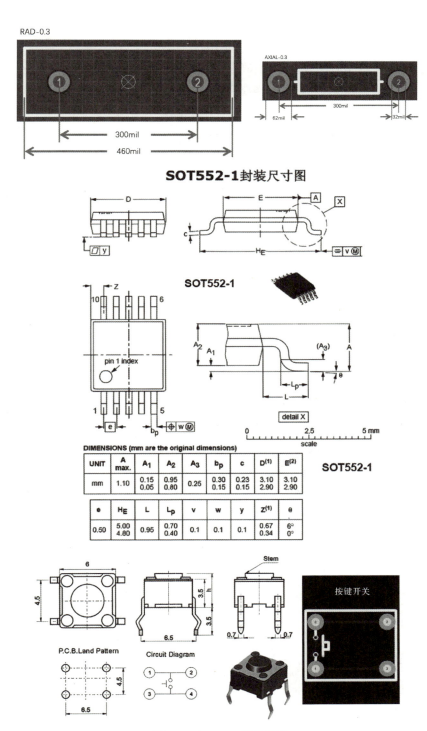

DIMENSIONS (mm are the original dimensions)

UNIT	A max.	A₁	A₂	A₃	bₚ	c	D⁽¹⁾	E⁽²⁾
mm	1.10	0.15 0.05	0.95 0.80	0.25	0.30 0.15	0.23 0.15	3.10 2.90	3.10 2.90

e	H_E	L	Lₚ	v	w	y	Z⁽¹⁾	θ
0.50	5.00 4.80	0.95	0.70 0.40	0.1	0.1	0.1	0.67 0.34	6° 0°

图 4 - 107   PCB 元件要求

🐾 活动评价

自评：针对项目学习的收获、成长等，自己进行评价，填入表 4 - 1。

互评：小组成员根据同伴的协作学习、纪律遵守表现等，互相进行评价，填入表 4 - 1。

师评：教师根据项目完成度、活动参与度、规范遵守情况、学习效果等进行综合评价，填入表 4 - 1。

表 4 - 1 项目活动评价表

评价模块	评价标准	自评 (20%)	互评 (20%)	师评 (60%)
学习准备	根据任务要求完成 PCB 工程文件的创建、保存（5 分）			
	了解元件的命名规范及归类、封装的命名和规范（5 分）			
制订计划	能熟练掌握原理图库的基本操作命令（10 分）			
	能熟练掌握 PCB 元件库的基本操作命令（10 分）			
	能够积极与他人协商、交流（10 分）			
任务实施	能完成原理图库元件符号的绘制（10 分）			
	能完成 PCB 元件库封装的制作（10 分）			
	能完成 3D 元件的创建（10 分）			
	能完成元件与封装的关联（10 分）			
	能完成集成库的制作（10 分）			
	能够积极与他人合作（10 分）			
总成绩				

项目 5
PCB 设计入门

　　PCB 电路设计入门知识和操作的学习能够引导你理解原理图的设计流程，熟练地使用 Altium Designer 绘制原理图并导入 PCB 文件。本项目分为 2 个大板块，6 个小模块。首先介绍了原理图的设计流程；然后介绍了原理图的绘制方法，包括原理图常用参数设置、原理图图纸设置、元件放置、元件的连接、位号标注及导入 PCB 等基本操作。要求你掌握知识并熟练运用，培养工程意识和专业技能；培养不懈努力、克服困难、精益求精的工匠精神；树立职业道德，激发家国情怀。

 学习目标

知识目标：

了解原理图的设计流程。

熟悉原理图设置界面。

了解原理图的组成。

能力目标：

掌握原理图常用参数设置要点。

掌握原理图图纸设置方法。

掌握元件绘制方法。

掌握元件连接方法。

掌握元件位号标注方法。

掌握导入 PCB 的方法。

素质目标：

培养工程意识。

培养工匠精神。

树立职业道德。

激发家国情怀。

必备知识

1. 原理图设计流程

将一个产品的电路设计最终呈现为印制电路板（PCB）的第一步是进行原理图设计，原理图设计是整个电路设计的基础。设计一个原理图一般可按如下流程进行，原理图设计流程如图 5-1 所示。

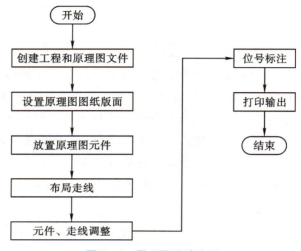

图 5-1　原理图设计流程

（1）启动 Altium Designer，创建工程和原理图文件，进入原理图编辑环境。用户只有先进入原理图编辑环境，才能进行绘图设计。

（2）设置原理图图纸版面。绘制原理图前，必须根据产品实际电路的复杂情况设置图纸大小。根据具体需求，设置图纸方向、栅格长度、标题栏等。

（3）放置原理图元件。根据产品实际电路的需求，在图纸上放置电路元器件、电源、接地符号和接口等元件。电路元器件可以从原理图库中获取，库中没有的，需要自行创建。用户可以根据元件之间的联系，对元件在图纸上的位置进行修改、调整，对元件的属性进行设置，为下一步工作奠定基础。

（4）对所放置的元件进行布局走线。利用 Altium Designer 所提供的各种工具、指令进行走线，根据实际电路，将图纸上的元件用具有电气意义的导线、符号连接起来，构成一个完整的原理图。

（5）对布局走线后的原理图进行调整。原理图布局走线后，根据具体情况，对元件的位置和排列、导线的位置、走线方式等进一步进行调整，以保证原理图的正确性、布局的合理性和美观性。

(6)位号标注。使用原理图标注工具对元件的位号统一标注。

(7)打印输出。设计完成后，对绘制的原理图进行保存，根据需要打印或输出指定格式文件。

2. 原理图的绘制

1）原理图常用系统参数设置

在原理图绘制过程中，系统参数设置的合理与否，直接影响到图形绘制的效率、正确性以及软件功能发挥的充分性。

单击菜单栏"工具"中"原理图优先项"命令，或在原理图编辑界面单击右键，在弹出的快捷菜单中选择"原理图优先项"命令，即可进入"优选项"对话框，如图 5-2 所示。

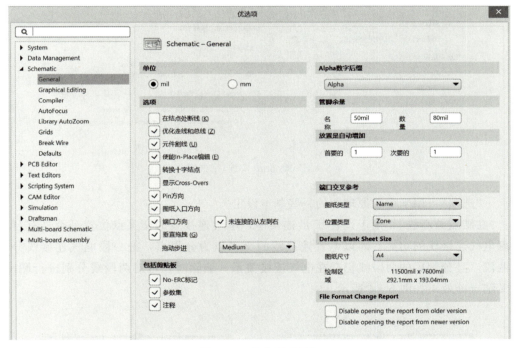

图 5-2 优选项对话框

左侧的"Schematic"选项卡下有 8 个子选项卡，分别为"General"（常规）、"Graphical Editing"（图形编辑）、"Compiler"（编译器）、"AutoFocus"（自动获取焦点）、"Library AutoZoom"（原理图库自动缩放）、"Grids"（栅格）、"Break Wire"（打破线）、"Defaults"（默认）。

（1）"General"参数设置。原理图环境设置通过"General"（常规）子选项卡来实现，如图 5-3 所示。该子选项卡的常规参数设置说明如下。

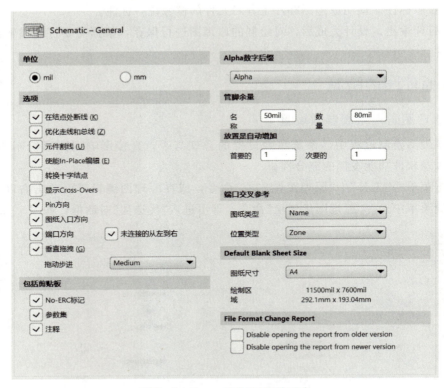

图 5-3　General(常规)子选项卡

•"选项"：用于设置原理图的一些基本设定。

"在结点处断线"：用于设置 T 形连接中，电气连接线的交叉点位置是否具有自动分割电气连接线的功能。即以电气连接线的交叉点为分界点，把一段电气连接线分割为两段，且分割后的两段线仍存在电气连接关系。删除时，可对两段线分别进行删除。交叉结点处效果如图 5-4 所示。

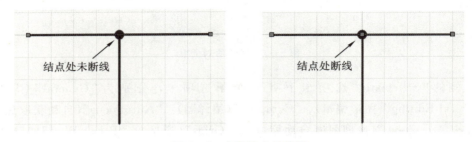

图 5-4　交叉结点处效果

"优化走线和总线"：用于防止多余的导线、多线段或总线相互重叠。勾选此复选框，重叠绘制的导线、总线等会被自动删除。

"元件割线"：用于设置元件能否自动嵌入导线。启用"优化走线和总线"选项后，勾选此复选框，当移动元件到导线上时，导线会自动断开，将元件嵌入，元件割线效果如图 5-5 所示。

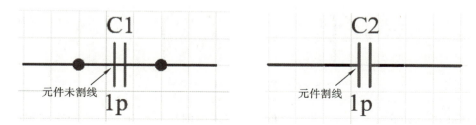

图 5-5　"元件割线"效果

"使能 In-Place 编辑"：用于编辑绘制区域内的文字，如元件位号、阻值等。勾选此复选框，可直接对文字双击之后进行编辑、修改，不需要进入属性编辑框后再编辑，对比效果如图 5-6 所示。

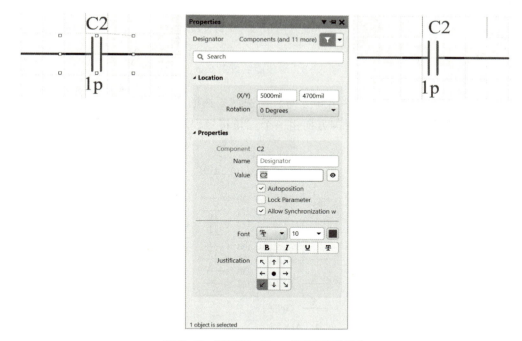

图 5-6　"使能 In-Place 编辑"效果对比

"转换十字结点"：勾选此复选框，两条网络连接的导线十字交叉连接时，交叉结点将自动分开成两个电气结点，如图 5-7 所示。

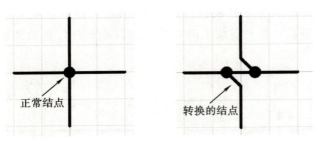

图 5-7 "转换十字结点"效果对比

"显示 Cross-Overs"：勾选此复选框，两条不同网络导线相交时，导线穿越区域将显示跨接圆弧，如图 5-8 所示。

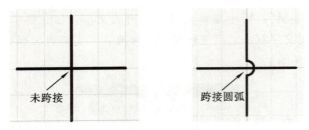

图 5-8 跨接圆弧效果显示

"Pin 方向"：用于显示元件引脚方向。勾选该复选框后，在原理图中会显示元件引脚的方向，如图 5-9 所示，引脚方向由一个三角符号表示。

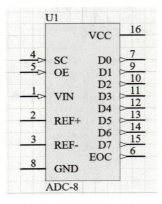

图 5-9 元件引脚方向显示

"垂直拖拽"：直角拖拽。拖动元件时，若勾选此复选框，与元件相连的所有连线将保持直角进行移动；否则，所有连线会按照任意角度被拖动，如图 5-10 所示。

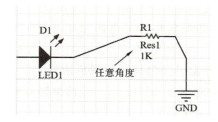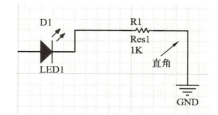

图 5-10 "垂直拖拽"效果

• "Alpha 数字后缀"：用于设置多部件元件中每个子部件标识后缀。有些元件内部由多个元件组成，比如 74LS04 由 6 个非门组成，使用此下拉列表可选择后缀的显示方式，系统默认为"Alpha"，一般保持默认即可。

"Alpha"：字母选项。选择此项，子部件的后缀由不带分隔符的字母显示，如图 5-11 所示。

"Numeric,separated by a dot'．'"：选择此项，子部件的后缀由带点分隔符的数字显示，如图 5-12 所示。

"Numeric,separated by a colon'：'"：选择此项，子部件的后缀由带冒号分隔符的数字显示，如图 5-13 所示。

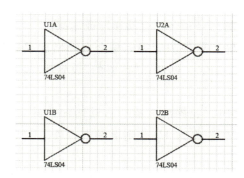

图 5-11 以字母显示后缀

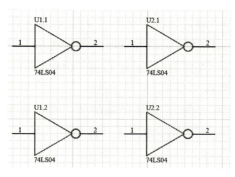

图 5-12 以带点的数字显示后缀

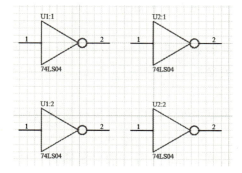

图 5-13 以带冒号的数字显示后缀

• "管脚余量"：用于设置元件的引脚号和名称与元件图形边界之间的距离。

"名称"：在编辑框中输入值，可以设置元件的名称与元件图形边界之间的距离，系统默认为 50 mil。

"数量"：在编辑框中输入值，可以设置元件的引脚号与元件图形边界之间的距离，系统默认为 80 mil。将"元件名称距离元件边界"修改为 100 mil，"元件引脚号距离元件边界"修改为 150 mil，显示效果对比如图 5-14 所示。

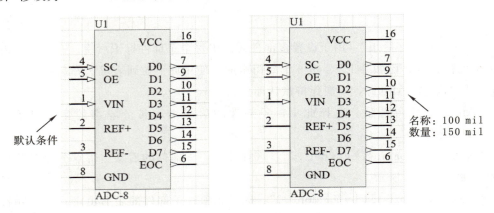

图 5-14　显示效果对比

• "放置时自动增加"：用于设置元件的管脚标号和名称自动递增或递减。

"首要的"：设置该项的值，则在放置元件时，元件的管脚标号会自动增加或减小。例如："首要的"设置为 1，则元件管脚标号按 1、2、3 创建；"首要的"设置为 2，则元件管脚标号按 1、3、5 创建。

"次要的"：设置该项的值，则在放置元件时，元件的名称会自动增加或减小。例如："次要的"设置为 1，若第一次放置的元件名称为 U1，则名称按 U1、U2、U3 创建。

• "Default Blank Sheet Size"：用于设置默认的空白原理图的图纸大小。系统默认为"A4"，用户可以在下拉框中进行其他选择。在下一次新建原理图文件时，会使用新设置的默认图纸尺寸。

（2）"Graphical Editing"参数设置。"Graphical Editing"（图形编辑）子选项卡主要用来设置图形编辑环境的相关参数，如图 5-15 所示，常用选项相关信息说明如下。

• "选项"。

"剪贴板参考"：勾选该复选框，当用户在执行复制或剪切命令时，系统将提示需要选择一个参考点。

"对象电气热点"：勾选该复选框，可以使对象通过与对象最近的电结点进行移动或拖动。

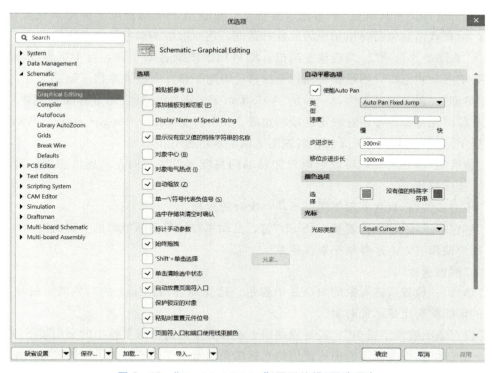

图 5 - 15 "Graphical Editing"(图形编辑)子选项卡

"单一'\'符号代表负信号":在电路设计中,当表示管脚低电平有效时,一般在管脚说明的顶部加一条横线来表示。Altium Designer 允许用户使用"\"实现说明顶部横线的添加。

"粘贴时重置元件位号":勾选该复选框,在进行粘贴操作时,可将粘贴到原理图图纸的元件位号重置为"?"。例如粘贴一个电容元件,其位号会被重置为"C?"。

"网络颜色覆盖":勾选该复选框,激活网络颜色功能。可在"视图"→"设置网络颜色"下查看网络突出显示。禁用此项后,若用户尝试突出显示网络,将出现"Net Color Override"对话框,如图 5 - 16 所示。

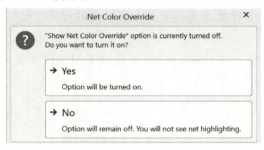

图 5 - 16 "Net Color Override"对话框

"双击运行交互式属性"：勾选该复选框，可在双击编辑对象时禁用属性对话框；反之，可在双击对象时弹出相应的属性对话框，还原旧版本双击对象时的模式。

•"自动平移选项"：勾选该复选框，则启用了图纸自动平移，当十字形准线动作光标处于活动状态时，图纸将自动朝光标移动方向平移，有四类参数可设置。

"类型"：包含两种类型，一种是"Auto Pan Fixed Jump"（自动平移固定跳转），即图纸平移时光标始终停留在视图区域的边缘；另一种是"Auto Pan ReCenter"（自动平移重新居中），图纸平移后，光标在新视图区域中重新居中。

"速度"：拖动滑块，可设定原理图移动的速度。滑块越向左，速度越慢；滑块越向右，速度越快。

"步进步长"：设置原理图图纸平移一次时的步长。

"移位步进步长"：设置按下"Shift"键，自动平移原理图图纸时的平移速度。

用户使用时，上述参数一般保持默认。

•"颜色选项"。

"选择"：设置所选对象的突出显示颜色。选择原理图图纸上的对象时，将使用该颜色的虚线框突出显示此对象。

"没有值的特殊字符串"：设置原理图上没有分配值的特殊字符串的突出显示颜色。

•"光标"：设置原理图中所使用的光标的显示形态，系统提供了 4 种光标类型。

"Large Cursor 90"：大型 90°十字形光标。建议用户设置为此选项。

"Small Cursor 90"：小型 90°十字形光标。

"Small Cursor 45"：小型 45°斜线光标。

"Tiny Cursor 45"：极小型 45°斜线光标。

选项设置完毕后，单击"应用"按钮，设置即可生效。

（3）"Compiler"参数设置。"Compiler"参数设置子选项卡主要用来设置原理图编译的相关参数，如图 5 - 17 所示，常用选项说明如下。

•"错误和警告"：用于设置警示信息是否显示及显示颜色。警示信息有 3 种："Fatal Error"（严重错误）、"Error"（错误）和"Warning"（警告）。用户可自行设置警示信息显示与否及相关颜色，以便编译过程中区别错误信息的严重性。

•"自动结点"：用于设置 T 形连接处电气结点的样式，包括结点是否在线上显示、大小和颜色。

（4）"Grids"参数设置。"Grids"（栅格）子选项卡用于设置原理图栅格相关参数，如图 5 - 18 所示，常用选项说明如下。

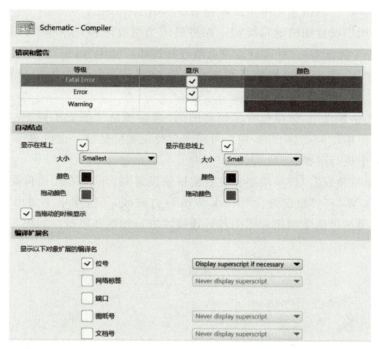

图 5 - 17 "Compiler"(编译器)子选项卡

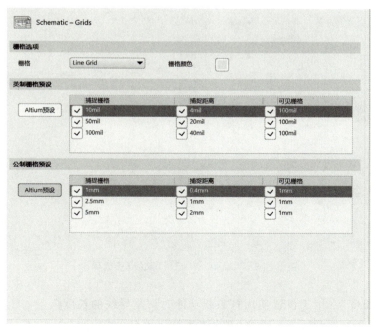

图 5 - 18 "Grids"(栅格)子选项卡

• "栅格选项"：栅格选项用于设置栅格显示类型和颜色。

"栅格"：用于设置栅格显示类型，栅格显示类型有两种："Line Grid"（线型栅格）和"Dot Grid"（点状栅格），可通过下拉三角进行选择，常用"Line Grid"。

"栅格颜色"：用于设置栅格显示颜色，系统默认为灰色，用户可自行选择其他颜色。

• "英制栅格预设"：该项包含了原理图的"捕捉栅格""捕捉距离"和"可见栅格"的度量值，度量值单位为英制 mil，用户可单击自行设置度量值，也可单击"Altium 预设"按钮从子选项中进行选择。

• "公制栅格预设"：该项功能和英制栅格预设雷同，区别在于单位是公制 mm。

（5）"Break Wire"参数设置。"Break Wire"（打破线）子选项卡主要用于设置断线功能，以便用户更加灵活地对原理图中各种连接线进行切割和修改，如图 5-19 所示，常用选项说明如下。

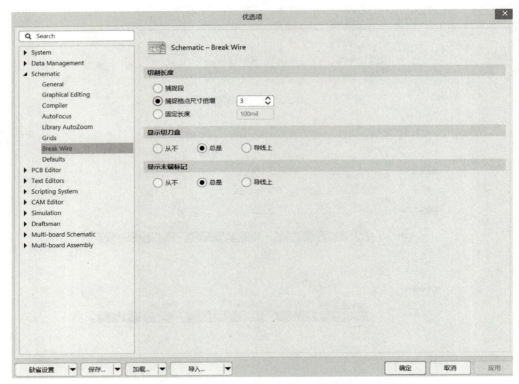

图 5-19 "Break Wire"（打破线）子选项卡

• "切割长度"：用于设置使用打破线功能时切割导线的长度。

"捕捉段"：勾选此选项，选择"编辑"菜单栏中的"打破线"命令时，光标所在的导线将被整段切除，如图 5-20 所示。

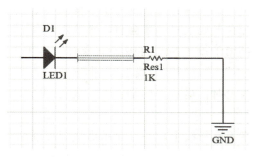

图 5-20　整段切除光标所在导线

　　"捕捉格点尺寸倍增"：勾选此选项，可将切割器的尺寸调整为当前捕捉栅格的倍数。倍数范围为 2～10，此处设置为 3，导线切割效果如图 5-21 所示。

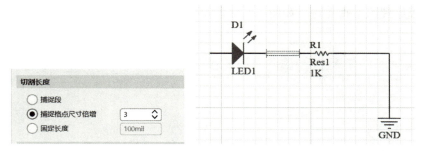

图 5-21　捕捉格点尺寸倍增为 3，导线切除效果

　　"固定长度"：选择此选项，可创建固定长度的切割器，此处设置为 100 mil，导线切割效果如图 5-22 所示。

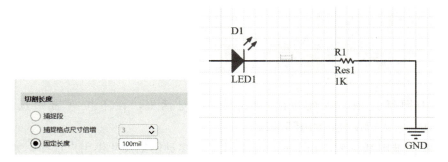

图 5-22　固定长度为 100 mil 时的导线切割效果

　　•"显示切刀盒"：用于设置执行打破线命令时，是否显示切割的虚线矩形框，有"从不""总是"和"导线上"三个选项。
　　"从不"：无论光标在不在导线上，均不显示虚线矩形框。

"总是"：无论光标在不在导线上，一直显示虚线矩形框。

"导线上"：只有光标在导线上时，才会显示虚线矩形框。

•"显示末端标记"：用于设置执行打破线命令时，是否显示切割的虚线矩形框两端的竖形标记线，有"从不""总是"和"导线上"三个选项。

"从不"：光标在导线上时，显示为两端无竖形标记线的矩形框；光标不在导线上时，显示为45°叉形光标。

"总是"：无论光标在不在导线上，一直显示虚线矩形框两端的竖形标记线。

"导线上"：只有光标在导线上时，才会显示虚线矩形框两端的竖形标记线。

2）原理图图纸设置

（1）图纸大小和方向设置。实际电路不同，复杂程度也不同。选择尺寸合适的图纸绘制原理图，可以使原理图的显示和打印更加清晰。

①进入原理图编辑环境，如图5-23所示。

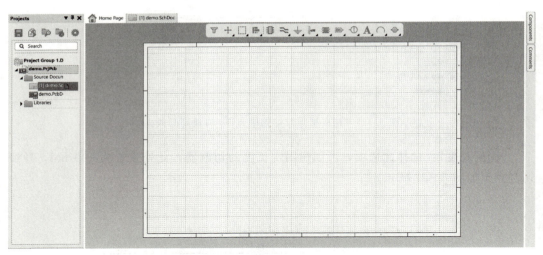

图5-23　原理图编辑环境

②双击图纸边框，系统弹出"Properties"对话框，在下拉列表中选择"Page Options"选项卡进行设置，如图5-24所示。

③选择标准图纸。Altium Designer提供了十多种图纸尺寸供用户选择，如图5-25所示，单击"Standard"，在"Sheet Size"后的下拉列表框中选择合适大小的图纸。"Orientation"后的下拉列表框用于设置图纸方向，有"Landscape"（横向）和"Portrait"（纵向）两种。

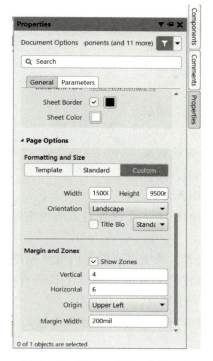

图 5-24 "Page Options"选项卡

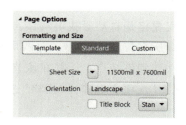

图 5-25 "Standard"子选项卡

④自定义图纸。如果用户需要，也可自定义图纸大小。自定义图纸相关参数在"Custom"子选项卡下，如图 5-26 所示。"Width"用于自定义图纸宽度，"Height"用于自定义图纸高度，"Orientation"后的下拉列表框同样用于设置图纸方向，有"Landscape"（横向）和"Portrait"（纵向）两种。例如，要将图纸设置为：横向，15000 mil×9500 mil 时，可在"Width"后的编辑框中输入"15000 mil"，在"Height"后的编辑框中输入"9500 mil"，"Orientation"后的下拉列表框中选择"Landscape"。

图 5-26 "Custom"子选项卡

Altium Designer 的原理图设计提供有英制（mil）和公制（mm）两种单位制，可在视图选项卡进行单位切换。系统默认使用英制，单位是 mil。1 英寸＝1000 mil＝25.4 mm。

（2）图纸标题栏设置。Altium Designer 提供了两种预先定义好的标题栏，分别是"Standard"形式和"ANSI"形式。可在"Page Options"选项卡最下方"Title Block"右边的下拉列表中进行选取，如图 5-27 所示。

"Title Block"复选框用于设置图纸右下方是否会显示标题栏，勾选该项则显示，否则不显示。标题栏的显示形式除了预先定义好的两种之外，也可根据具体需求，通过绘图工具自行设计。

（3）图纸栅格设置。原理图编辑环境背景呈现为栅格（或称网格）形，栅格的设置有利于放置元件及绘制导线的对齐，以达到规范和美化设计的目的。

Altium Designer 提供的栅格类型主要有三种，捕获栅格、可视栅格和电气栅格。

• 捕获栅格是光标移动一次的步长，若设置捕获栅格值为 10 mil，则光标移动一次的距离为 10 mil。捕获栅格数值设置小一些，更容易放置或调整原理图元件。

• 可视栅格是图纸上实际显示的栅格之间的距离，此设置只影响视觉效果，对光标移动没有影响。

• 电气栅格是自动寻找电气结点的半径范围。系统以所设置的电气栅格的值为半径，以光标所在位置为中心，向四周搜索电气结点，如果在搜索半径内有电气结点，光标将自动移到该结点上，并在该节点上显示一个圆点。

在"视图"选项卡中选择"栅格"选项，可对原理图纸的栅格进行设置，如图 5-28 所示。

图 5-27　标题栏设置选项卡

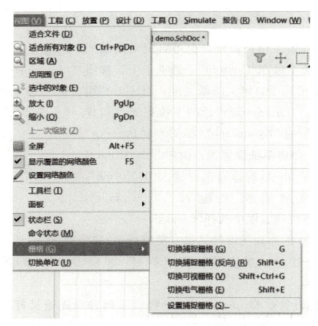

图 5-28　原理图纸的栅格设置

3)元件的基本操作

（1）元件的放置。绘制原理图首先要进行元件的放置。在放置元件时，用户必须知道元件所在的库，并从中取出，若库中没有该元件，可在原理图库中自行绘制，放置元件操作如下。

①"Components"面板的元件库下拉列表框中显示了当前可供选择的库，选择"miscellaneous Device. Intlib"，使之成为当前库，同时库中的元件列表显示在库的下方，可从中找取所需元件。这里以放置电阻 Res2 为例，如图 5 – 29 所示。

②勾选元件后，双击元件名或者右键选择"Place Res2"，光标变成十字形状，同时光标上面悬浮着一个"Res2"元件符号的轮廓。按空格键旋转元件以调整元件的位置和方向，而后单击进行放置，按"Esc"键或者右击鼠标退出，如图 5 – 30 所示。

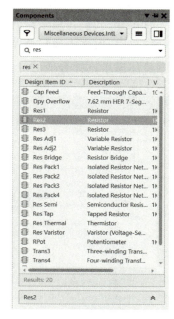

图 5 – 29　查找元件

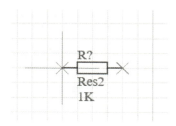

图 5 – 30　放置元件

（2）元件的属性设置。双击需要编辑的元件或者在放置元件的过程中按"Tab"键，打开"Properties"（属性）选项卡，如图 5 – 31 所示。下面介绍元件常规属性的设置。

• "Designator"：用来设置元件的位号即序号。在"Designator"编辑框中输入元件位号，如 R1、R2 等。编辑框右边的⊙图标用来设置元件位号是否在原理图中可见，🔒图标用来设置元件位号是否可以锁定，不被修改。

• "Comment"：注释，用来设置元件的基本特征，例如电阻的阻值、功率、封装尺寸等或者电容的容量、公差、封装尺寸等，也可以是芯片的型号。用户修改元件的注释不会发生电气错误。

• "Description"：编辑框中为元件属性的描述

• "Design Item ID"：用于设置在元件库中所定义的元件名称。

• "Source"：用于设置元件所在的元件库。

• "Footprints"：用于给元件添加或者删除封装。

（3）元件的对齐。执行菜单栏"编辑"中的"对齐"命令，弹出"对齐"子菜单，用户可以根据具体需求选择合适的对齐方式，如图 5-32 所示。

图 5-31 "Properties"（属性）选项卡

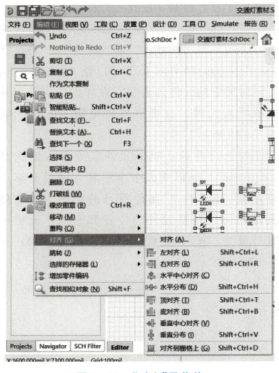

图 5-32 "对齐"子菜单

（4）元件的复制和粘贴。

①元件的复制。元件的复制操作可以将元件或元件组作为副本，放入剪贴板中。步骤：在电路原理图上勾选需要复制的元件或元件组；进行复制操作。实现复制操作有以下 3 种方法，用户可任选其一：

• 执行菜单栏中的"编辑"→"复制"命令。

• 使用快捷键"Ctrl+C"或者"E+C"。

• 单击工具栏中的"复制"按钮。

②元件的剪切。元件的剪切操作可以将元件或元件组直接移入剪贴板中，同时原理图上的被选元件或元件组被删除。步骤：在电路原理图上勾选需要剪切的元件或元件组；进行剪切操作。实现剪切操作有以下 3 种方法，用户可任选其一：

• 执行菜单栏中的"编辑"→"剪切"命令。

• 使用快捷键"Ctrl＋X"或者"E＋T"。

• 单击工具栏中的"剪切"按钮。

③元件的粘贴。元件的粘贴是将剪贴板中的内容作为副本，复制到原理图中。元件粘贴到原理图中有以下 3 种方法，用户可任选其一：

• 执行菜单栏中的"编辑"→"粘贴"命令。

• 使用快捷键"Ctrl＋V"或者"E＋P"。

• 单击工具栏中的"粘贴"按钮。

④元件的智能粘贴。元件的智能粘贴是指一次性按照指定的间距将同一个元件重复粘贴到图纸上。执行菜单栏中的"编辑"→"智能粘贴"命令，或者使用快捷键"Shift＋Ctrl＋V"命令，弹出"智能粘贴"选项卡，勾选"使能粘贴阵列"，如图 5 - 33 所示。

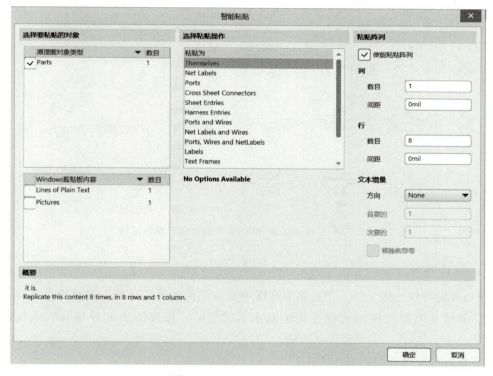

图 5 - 33 "智能粘贴"选项卡

• "列"：用于设置列参数。"数目"用于设置每一列中所要粘贴的元件个数；"间距"用于设置每一列中两个元件的垂直间距。

• "行"：用于设置行参数。"数目"用于设置每一行中所要粘贴的元件个数；"间距"用于设置每一行中两个元件的水平间距。

• "文本增量"：用于设置执行智能粘贴后元件的位号的文本增量，在"首要的"右边的编辑框中输入文本增量数值，正数为递增，负数为递减。执行智能粘贴后，所粘贴出的元件位号将按顺序递增或递减。

智能粘贴的具体操作如下。

在每次进行智能粘贴前，先通过复制操作将选取的元件复制到剪贴板中，然后执行"编辑"→"智能粘贴"命令，设置"智能粘贴"选项卡中"列""行"和"文本增量"参数，单击"确定"，在原理图编辑区单击，即可实现选定元件的智能粘贴。图5-34所示为利用"智能粘贴"操作放置的一组4×3排列的电阻。

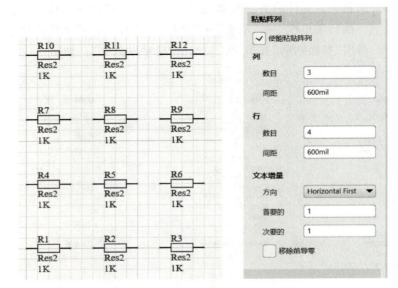

图5-34 "智能粘贴"操作放置的电阻及参数设置

4）连接元件

（1）放置导线连接元件。当电路原理图中所有元件放置完毕后，需要将各元件进行连接。导线是电路原理图元件连接的基本方式之一，原理图中的导线具有电气连接意义。

下面介绍导线连接的操作方法。

①启动绘制导线命令。启动绘制导线命令主要有以下4种方法：

• 执行菜单栏中的"放置"→"线"命令，进入导线绘制状态。

• 单击绘图工具栏中的放置线图标 ≋，进入导线绘制状态。

• 在原理图图纸空白区域单击右键，在弹出的选项中选择"放置"→"线"命令，进入导线绘制状态。

• 使用快捷键"Ctrl＋W"或者"P＋W"，进入导线绘制状态。

②绘制导线。进入导线绘制状态后，光标变成十字形、中心带灰色叉标记的样式，

将光标移到要绘制导线的起点(此处建议用户把电气栅格打开,按快捷键"Shift＋E"可打开或关闭电气栅格)。若导线的起点是元件的管脚,当光标靠近起点时,光标会自动吸附到元件的管脚上,同时出现一个红色的叉标记表示电气连接的意义。单击确定导线起点。

③移动光标到导线拐点或终点,在导线拐点或终点处单击左键确定导线的位置。导线每拐弯一次都要单击一次。导线变换方向时,可以通过按"Shift＋空格键"来切换导线转折的模式,有 3 种转折模式,转折 90°模式、转折 45°模式和转折任意角度模式,3 种模式如图 5 - 35 所示。

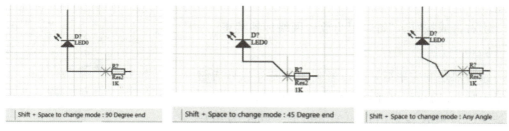

图 5 - 35　导线的 3 种转折模式

④完成所有导线绘制。绘制完第一条导线后,系统仍处于绘制导线状态,将光标移动到新的导线起点,根据上述方法完成其他导线绘制。

⑤退出绘制导线状态。绘制完所有导线后,按"Esc"键或单击右键退出绘制导线状态。

(2)放置网络标签连接元件。在原理图绘制过程中,元件之间的电气连接除了使用导线外,还可以通过放置网络标签来实现。网络标签实际上就是一个具有电气属性的网络名,具有相同网络标签的导线或总线表示电气网络相连。当线路走线复杂或电气连接距离较远时,使用网络标签可使电路简化、美观。启动放置网络标签命令的方法有以下 4 种:

• 执行菜单栏中的"放置"→"网络标签"命令。

• 单击布线工具栏中的"放置网络标签"按钮。

• 在原理图图纸空白区域右击鼠标,在弹出的选项中选择"放置"→"网络标签"命令。

• 按快捷键"P＋N"。

放置网络标号的具体步骤如下。

①启动放置网络标签的命令后,光标变成十字形状,移动光标到放置网络标签的位置(需要进行电气连接的导线或总线上),光标上出现红色的叉(×),单击左键即可放置一个网络标签。

②使用网络标签需要对其属性进行设置,设置方法有 2 种:

• 在启动放置网络标签命令，放置网络标签前，按"Tab"键。

• 放置网络标签后，勾选所放置的标签，单击右键，选择"Properties"。

网络标签属性设置如图 5-36 所示。

③将光标移到其他位置，继续放置网络标签。一般情况下，放置完第一个网络标签后，如果网络标签的末尾是数字，那么后面放置的网络标签的数字会递增。

④右击或按"Esc"键，退出放置网络标签状态。

5）位号标注

原理图绘制完毕后，可以看到图中元件标号后缀显示为"?"。用户可以通过属性逐个修改元件的位号，但是操作繁琐且容易出错，Altium Designer 为用户提供了原理图标注工具，位号标注的具体步骤如下。

(1)执行菜单栏中"工具"→"标注"→"原理图标注"命令，如图 5-37 所示，弹出"标注"对话框，如图 5-38 所示。

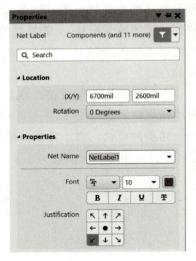

图 5-36 网络标签属性设置

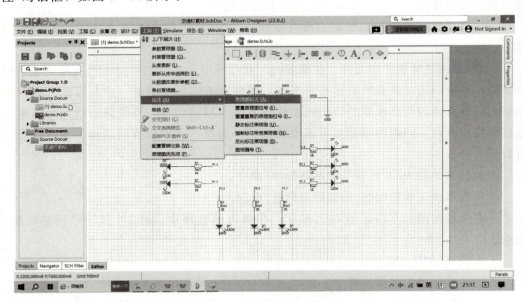

图 5-37 原理图标注菜单

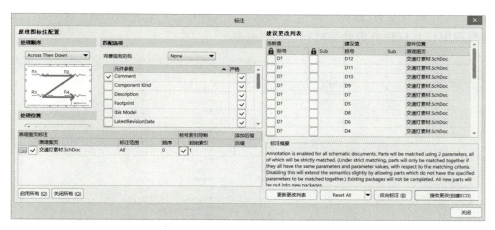

图 5-38　标注对话框

对话框中"原理图标注配置"部分用于设置原理图标注的顺序以及需要标注的原理图页;"建议更改列表"部分在"当前值"中列出了元件当前的标号,在"建议值"中列出了元件新的标号。

(2)单击"Reset All"按钮,对位号进行重置,弹出"Information"对话框,提示元件位号发生改变,如图 5-39 所示,单击"OK"按钮。重置后,所有元件标号将被消除。

(3)单击"更新更改列表"按钮,重新编号,弹出"Information"对话框,提示用户和前一状态及原始状态相比所发生的改变。

图 5-39　"Information"对话框

(4)单击"接收更改创建"按钮,弹出"工程变更指令"对话框,如图 5-40 所示。

图 5-40　"工程变更指令"对话框

(5)单击"执行变更"按钮，即可完成原理图元件标注，效果如图 5-41 所示，图 5-42 为原理图位号标注前后效果对比。

图 5-41　完成原理图元件标注效果

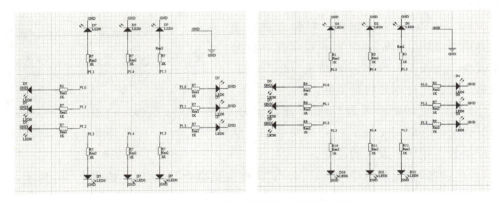

图 5-42　元件位号标注前后效果对比

6)导入 PCB

原理图绘制完毕后，若图中元件均存在封装，则可为原理图导入 PCB 文件，操作方法如下。

(1)执行菜单栏中"设计"→"Update PCB Document demo. PcbDoc"命令，如图 5-43 所示，弹出"工程变更指令"对话框，如图 5-44 所示。

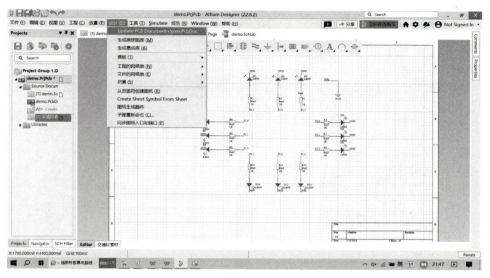

图 5 - 43　导入 PCB 命令菜单

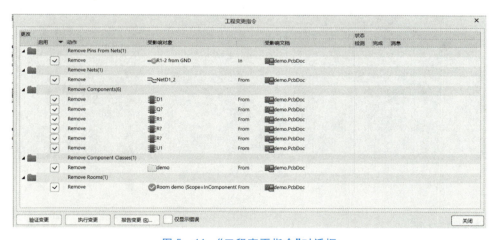

图 5 - 44　"工程变更指令"对话框

（2）单击"执行变更"命令，"检测"和"完成"列全出现绿色对钩图标，即可完成 PCB 导入。单击"执行变更"命令后的效果如图 5 - 45 所示，导入 PCB 的效果如图 5 - 46 所示。

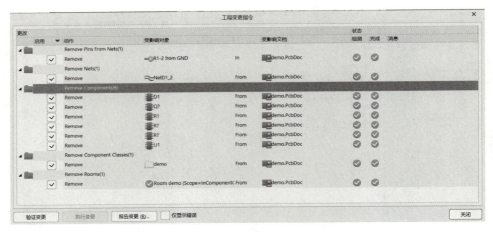

图 5-45 单击"执行变更"命令后的效果

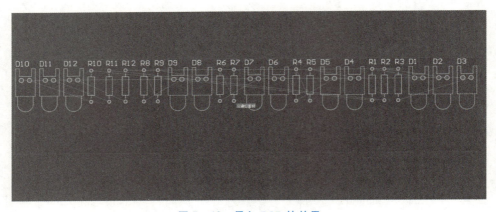

图 5-46 导入 PCB 的效果

 学习引导

活动一 学习准备

(1)创建新的 PCB 工程文件并保存,包括原理图文件、PCB 文件、原理图库文件和 PCB 库文件。

(2)查看所要绘制的原理图中的元件,对库中没有的元件进行绘制并添加封装。

活动二 制订计划

(1)熟悉原理图绘制的基本操作,查阅资料,小组讨论操作注意事项。

(2)熟悉原理图导入 PCB 的基本操作,查阅资料,小组讨论操作注意事项。

活动三　任务实施

(1)原理图常用参数设置。

(2)原理图图纸大小、方向、栅格和标题栏设置。

(3)原理图中元件的放置及对齐。

(4)原理图中元件的属性设置。

(5)原理图中元件的连接。

(6)原理图中元件位号的统一标注。

(7)将原理图导入，生成 PCB 文件。

活动四　考核评价

知识考核

(1)原理图图纸的设置步骤有哪些？

(2)原理图中元件属性如何设置？

(3)原理图中元件的连接方式有哪些？

(4)原理图中元件位号标注步骤有哪些？

(5)如何将原理图导入并生成 PCB 文件？

活动评价

自评：针对项目学习的收获、成长等，自己进行评价，填入表 5-1。

互评：小组成员根据同伴的协作学习、纪律遵守表现等，互相进行评价，填入表 5-1。

师评：教师根据项目完成度、活动参与度、规范遵守情况、学习效果等进行综合评价，填入表 5-1。

表 5-1　项目活动评价表

评价模块	评价标准	自评（10%）	互评（10%）	师评（80%）
学习准备（10 分）	创建新的 PCB 工程文件并保存(5 分)			
	绘制库中没有的元件并添加封装(5 分)			
制订计划（30 分）	能列出原理图绘制的基本操作(15 分)			
	能列出原理图导入 PCB 的基本操作(5 分)			
	团队合作默契(10 分)			
任务实施（60 分）	能完成原理图常用参数设置(10 分)			
	能完成原理图图纸设置(5 分)			
	能完成原理图中元件的放置及对齐(5 分)			
	能完成原理图中元件的属性设置(5 分)			
	能完成原理图中元件的连接(10 分)			
	能完成原理图中元件位号的统一标注(10 分)			
	将原理图导入、生成 PCB 文件(5 分)			
	团队合作默契(10 分)			
总成绩				

项目 6
设计 51 单片机开发板 PCB

通过前面的学习，相信你已经掌握 Altium Designer 软件的基本操作，本项目将借助 51 单片机开发板实例，详细介绍 51 单片机开发板的元件库和封装库的制作、原理图的绘制、PCB 的绘制等，项目要完成的原理图如图 6-1 所示，要完成的 PCB 图如图 6-2 所示。

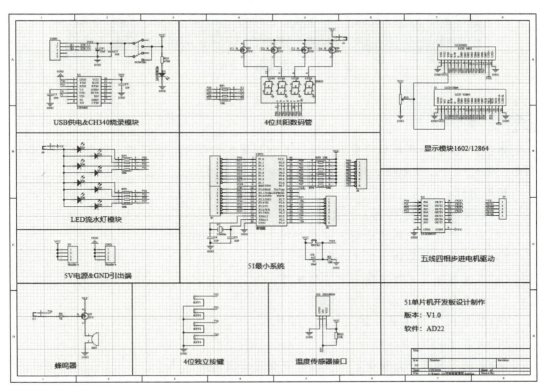

图 6-1 51 单片机开发板原理图

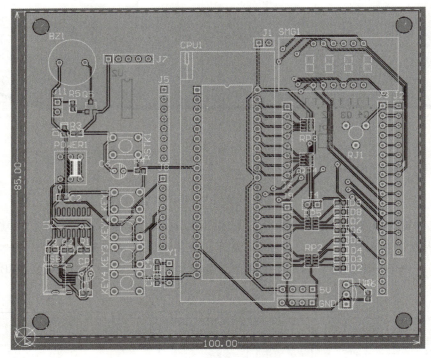

图 6-2　51 单片机开发板 PCB

📯学习目标

本项目包含 51 单片机开发板的元件库和封装库的制作、原理图的绘制、PCB 的绘制等，通过学习，读者应达到以下要求。

知识目标：

(1)熟悉 PCB 板制作的工艺流程。

(2)掌握原理图元件的绘制方法和技巧。

(3)掌握元件封装的绘制方法和技巧。

(4)掌握原理图文件的绘制方法和技巧。

(5)掌握 PCB 板子形状的绘制方法。

(6)掌握 PCB 的布局方法。

(7)会设置 PCB 走线规则。

(8)会使用电气规则检查，并根据检查报告修改问题。

能力目标：

(1)以项目为载体，提升学生查阅资料、文献获取信息的能力。

(2)通过综合项目练习，增强学生自学和运用新知识与新技术的能力。

（3）具备熟练的读图、绘图基本能力；能按照相关要求和标准绘制电路原理图。

（4）能根据要求绘制相应的印刷板图；能根据印刷板图制作 PCB 板，且电气功能完整。

（5）具备较强的电子电路设计能力，具有一定的电子电路设计、分析和规划能力。

（6）具有可持续自我发展能力。

素质目标：

（1）了解 PCB 制版技术的发展动态及 PCB 制版在各行业发展的重要性，树立科技发展自强自立的意识。

（2）提高合作探究解决问题的能力。

（3）具有熟练运用所学知识解决问题的方法能力。

（4）培养画图规范意识、职业道德意识。

（5）通过项目制作，培养制订完善工作计划的能力，热爱劳动、诚实劳动的态度。

（6）通过反复检测和优化设计，锻炼逻辑性和科学思维方法，培养不懈努力、克服困难、精益求精的工匠精神。

必备知识

绘制原理图的常见操作补充

1）原理图电气检查及编译

初学者往往会在绘制完原理图后，急于导入 PCB 中，进行后期 PCB 设计工作，这样做是不可取的，因为在设计绘制原理图时，可能会出现一些细节上的问题，比如元件位号冲突、网络悬浮、电源悬浮、单端网络、电气开路等，不经过相关检测工具检查就进行后续 PCB 设计，直至盲目生产，会造成时间和经济上的浪费。所以，按照 PCB 设计流程，原理图绘制完后需要对工程进行编译，即电气规则检查。

Altium Designer 具有 ERC(electrical rule checking，电气规则检查)功能，可以对原理图的一些电气连接特性进行自动检查，检查完成后，错误信息会在"Messages"(信息)面板中列出，同时也会在原理图中标注出来，用户可以根据错误信息对原理图中存在的错误进行修改。

（1）原理图常用检测规则设置。

ERC 检查前首先要对检测项进行设置，以确定在编译时系统所需检测的项目和编译后系统的各种报告类型。执行菜单命令："工程"→"Project Options..."，弹出"Options for PCB Project"对话框，如图 6 - 3 所示。

建议用户不要随意去修改系统默认的检查项的报告格式，只有很清楚哪些检测项是可以忽略的才能去修改，否则会造成原理图编译时有错误无法被检查出来的问题。

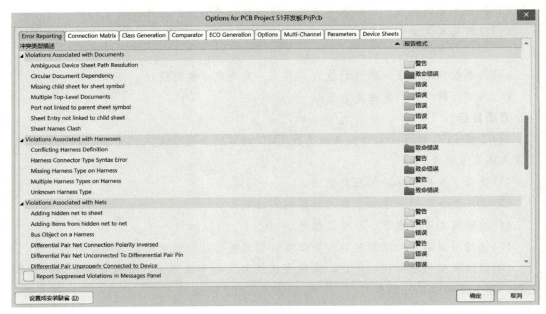

图 6-3 "Options for PCB Project"对话框

需要特别注意的是，原理图检测只是针对用户原理图的电气连接检查，无法完全判断原理图的正确性。例如设计中将电解电容正负极接反了，软件是检查不出来的。所以用户在通过编译后，仍需仔细对照设计图，确保电路的正确性。

常见的原理图检查内容如下。

• "Components with duplicate pins"：重复的元件管脚。

• "Duplicate Part Designators"：重复的元件标号。

• "Floating net labels/power objects"：悬空的网络标签/电源端口。

• "Missing Positive/Negative Net in Differential Pair"：差分对缺少正/负网络。

• "Net with Only One Pin"：单端网络，即整个原理设计中只有该网络一个。

• "Off grid objects"：对象偏离格点，即元件管脚或网络标签等没有与栅格点对齐。

• "Net has no driving source"：网络无驱动源。假设有某一器件管脚被定义为输出管脚，该管脚连到一个连接器（或一无源管脚），将会报错。若不进行仿真可忽略，将此项设置为不报告。

• "Object not completely within sheet boundaries"：设计对象（如元件）不完全在图纸边界内，将其放回图纸内或将图纸范围设置大些即可。

• "Unique Identifiers Errors"：唯一标识符错误。元件的唯一 ID 重复了，可通过执行菜单命令："工具"→"转换"→"重置元件 Unique ID"解决。

• "unused sub-part in Component"：元件中某个子部件未使用。不影响正常的设计，可忽略。

（2）原理图编译。

对原理图的各种电气错误等级设置完毕后，即可对原理图进行编译操作，执行菜单命令："工程"→"ValidatePCB Project"，或者左侧右键单击工程文件名→"ValidatePCB Project"，即可对原理图文件进行编译，编译后，将弹出"Messages"（信息）面板，错误信息会在面板中列出，如图 6-4 所示。如果"Messages"面板没有弹出，可在 AD 软件界面的右下角，单击"Panels"→"Messages"，打开"Messages"面板。

（3）原理图的修改。

用户根据"Messages"面板提示信息，对"Fatal Error"（严重错误）、"Error"（错误）信息进行核查修改，双击错误即可精确定位到错误处，可以看到原理图区是高亮，便于对错误进行修改。针对"Warning"（警告）信息，不影响正常设计，可忽略。

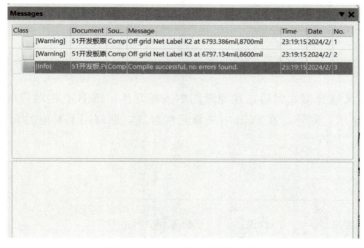

图 6-4 Messages（信息）面板

2）原理图与 PCB 的交叉选择模式

原理图编译修改后，就可以将原理图导入 PCB 中，开始后续 PCB 设计的工作了。原理图元件众多，而且这些元件在 PCB 中的排列方式与原理图完全不一致，所以查找元件成了首要的工作。Altium Designer 为用户提供了原理图与 PCB 的交叉选择模式功能，此功能可以将原理图中的元件与 PCB 中的封装一一对应起来，对快速布局有很大帮助。

交叉选择模式的实现方法如下。

（1）打开交叉选择模式。需要同时在原理图编辑界面和 PCB 编辑界面执行菜单命令："工具"→"交叉选择模式"，或者按快捷键"Shift+Ctrl+X"，如图 6-5 所示。

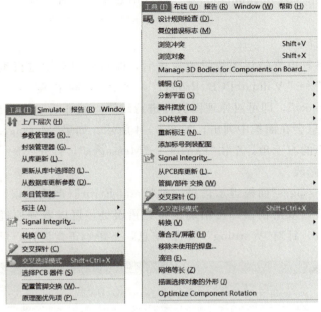

图 6-5 原理图编辑界面和 PCB 编辑界面的交叉选择模式设置

（2）打开交叉选择模式以后，在原理图中选择元件，PCB 上相对应的元件会同时被中选，且高亮显示；同样，在 PCB 中选择元件封装，原理图上对应的元件也会被选中，如图 6-6 所示。

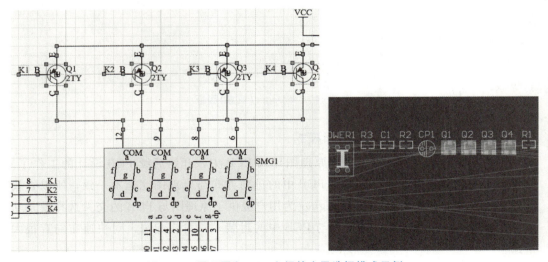

图 6-6 原理图和 PCB 之间的交叉选择模式示例

3)元件在矩形区域排列

(1)在原理图界面:"工具"→"交叉选择模式",勾选一个模块的所有器件;

(2)在 PCB 界面:"工具"→"器件摆放"→"在矩形区域排列",使用鼠标左键在合适的位置画一个矩形框,在原理图中被勾选的模块的所有器件会被自动找到并移动到矩形框内。

为提高设计效率,可将"工具"→"器件摆放"→"在矩形区域排列"这个功能设置一个自定义快捷键,设置快捷键的方法:按住"Ctrl"键,鼠标左键单击"在矩形区域排列",即可自定义设置此操作的快捷方式,如图 6-7 所示。注意自定义的快捷键避免与系统各个软件的其他快捷键重复。

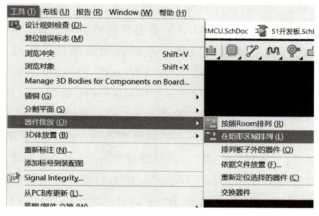

图 6-7　自定义快捷键的方法

4)布局规则

布局常见的基本规则如下。

(1)遵循"先大后小,先难后易"的布置原则,即重要的单元电路、核心元器件应当优先布局。

(2)布局中应参考原理框图,根据单板的主信号流向规律安排主要元器件。

(3)元器件的排列要便于调试和维修,小元件周围不能放置大元件,需调试的元器件周围要有足够的空间,需拔插的接口元件应靠板边摆放,并注意接口的拔插方向朝外。

(4)相同结构电路部分,尽可能采用对称式标准布局。

(5)同类型插装元器件在 X 或 Y 方向上应朝一个方向放置。同一种类型的有极性分立元件也要力争在 X 或 Y 方向上保持一致,便于生产和检验。

(6)发热元件一般应均匀分布,以利于单板和整机的散热,除温度检测元件以外的温度敏感器件应远离发热量大的元器件。

(7)布局应尽量满足以下要求：总的连线尽可能短，关键信号线最短；高电压、大电流的信号与低电压、小电流的弱信号完全分开；模拟信号与数字信号分开；高频信号与低频信号分开；高频元器件的间隔要充分。

(8)去偶电容的布局要尽量靠近 IC 的电源管脚，并使之与电源和地之间形成的回路最短。

(9)元件布局时，应适当考虑将使用同一种电源的器件尽量放在一起，以便于将来的电源分隔。

(10)按照均匀分布、重心平衡、版面美观的标准优化布局。

5)类的创建

类(Class)，是特定类型的设计对象的逻辑集合。用户可根据需求将网络或器件分在一起构建类，比如将 GND、5 V、3.3 V 等电源网络分成一组，即为网络类。

创建类有助于进行特定规则的设置，若结合网络颜色，还可以快速识别信号，Altium Designer 主要提供了 8 个类别："Net Classes"(网络类)、"Component Classes"(器件类)、"Layer Classes"(层类)、"Pad c Classes"(焊盘类)、"From To Classes"、"Differential Pairs Classes"(差分类)、"Polygon Classes"(铜皮类)、"xSignal Classes"。常用的有网络类、器件类和差分类。下面以网络类为例介绍类的创建。

(1)执行菜单命令："设计"→"类"，或快捷键"D+C"，进入对象类浏览器对话框。

(2)在对象类浏览器中选择"Net Classes"，单击右键，可进行添加、删除、重命名等操作，此处选择添加类，修改类名称为"Power"，将"GND""VCC""D5V"等网络添加为"Power"类成员，如图 6-8 所示，然后单击"确定"。

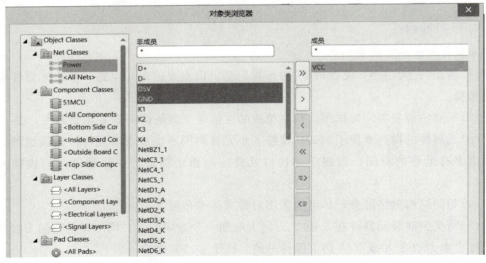

图 6-8　创建"Power"类

6)PCB 规则设置

在进行 PCB 设计前，首先应进行设计规则设置，以约束 PCB 元件布局或 PCB 布线行为，确保 PCB 设计和制造的连贯性、可行性。在 PCB 设计中，这种规则是由设计人员自己制订的，并且可以根据设计的需要随时修改，只要在合理的范围内即可。

在 PCB 设计环境中，执行菜单命令："设计"→"规则"，打开"PCB 规则及约束编辑器"对话框，如图 6-9 所示。左边为树状结构的设计规则列表，软件将设计规则分为十大类，每类规则点开后，又包含了更多的细化规则，设计人员可以单击每个细化规则，在右边的编辑区修改规则参数。关于 Altium Designer 规则的详细介绍，用户可以到 Altium Designer 官方网站了解，下面我们只对常用的一些规则进行讲解。

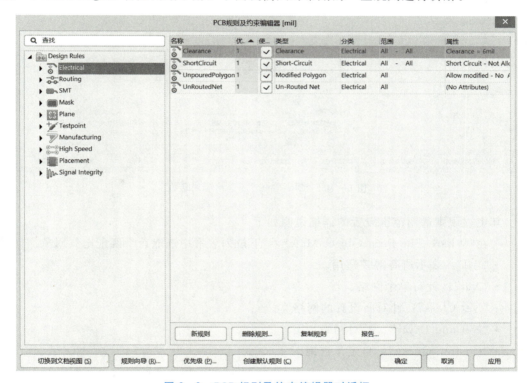

图 6-9 PCB 规则及约束编辑器对话框

（1）"Electrical"→"Clearance"规则。"Clearance"（安全间距）规则用于设定导线、过孔、焊盘、矩形敷铜填充等电气对象之间的安全距离。在左侧设计规则列表中选择"Electrical"→"Clearance"后，在右侧编辑区可修改规则参数，也可在"Clearance"处单击右键，新建规则，如图 6-10 所示。

图 6 - 10   "Clearance"规则编辑对话框

其中，规则适用范围设置的详细说明如下。

①在"Where The First Object Matches"下拉列表框中选取首个匹配电气对象。

- "All"：表示所有部件适用。
- "Net"：针对单个网络。
- "Net Class"：针对所设置的网络类。
- "Net and Layer"：针对网络与层。
- "Custom Query"：自定义查询。

②在"Where The Second Object Matches"下拉列表框中选取第二个匹配电气对象。

（2）"Electrical"→"Short-Circuit"规则。"Short-Circuit"（短路）规则设定电路板上的导线是否允许短路，如图 6 - 11 所示。软件默认不勾选，即不允许短路。

（3）"Electrical"→"Un-Routed Net"规则。"Un-Routed Net"（未布线网络）规则用于检查指定范围内的网络是否布线成功，该网络上布线成功的导线将保留，没有成功布线的将保持飞线连接，如图 6 - 12 所示。

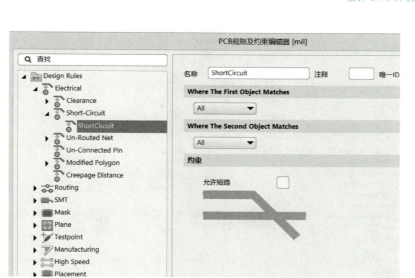

图 6 - 11　短路规则设置

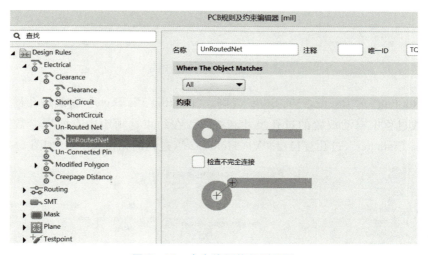

图 6 - 12　未布线网络规则设置

（4）"Routing"→"Width"规则。"Width"（线宽）规则用于设定布线时的走线宽度，以便于自动布线或手工布线时线宽的选取、约束，系统默认所有布线宽度均为10 mil。设计人员可以在软件默认的线宽设计规则中修改约束值，也可以新建多个线宽设计规则，以针对不同的网络或板层规定其线宽。在左边设计规则列表中选择"Routing"→"Width"后，在右边的编辑区中即可进行线宽规则设置，如图 6 - 13 所示。

在约束选项组中，导线的宽度有 3 个值：首选宽度、最小宽度、最大宽度。单击相应的选项，可直接输入数值进行更改。

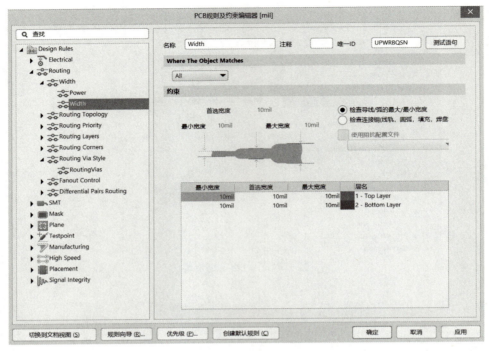

图 6 - 13　Width 规则设置

（5）"Routing"→"Routing Via Style"规则。"Routing Via Style"（布线过孔样式）规则用于设定布线过程中自动放置的过孔尺寸和样式。在约束选项组中有两项参数需要设置，分别是"Via Diameter"（过孔直径）和"Via Hole Size"（过孔的孔径大小），如图 6 - 14 所示。

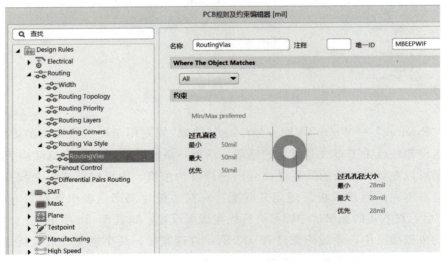

图 6 - 14　"Routing Via Style"规则设置

（6）"Plane"→"Polygon Connect Style"。"Polygon Connect Style"（敷铜连接样式）规则用于设置敷铜与焊盘、过孔之间的连接样式，并且该连接样式必须是针对同一网络部件的，如图 6-15 所示。

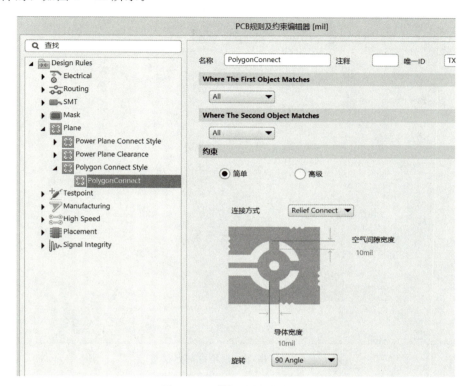

图 6-15　敷铜连接样式设置

7）PCB 设计规则检查（DRC）

前期为了满足各项设计的要求，我们会设置很多约束规则，当一个 PCB 设计完成之后，通常要进行 DRC 检查。DRC 检查就是检查设计是否满足所设置的规则。一个完整的 PCB 设计必须经过各项电气规则检查。

执行菜单命令："工具"→"设计规则检查"，打开"设计规则检查器"对话框，如图 6-16所示。

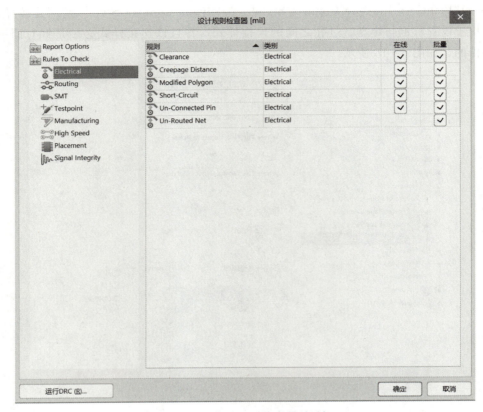

图 6-16　设计规则检查器对话框

常见的电气检查选项如下。

• 间距检查：包括短路、开路等，需要勾选。

• 布线检查：包含线宽检查、过孔检查和差分走线的检查，当我们设置的线宽、过孔大小及差分线宽不满足规则约束要求时就会提示 DRC 报错，让设计者注意，可以根据需要进行勾选。

• "Stub 线头"检查：人工进行布线处理难免会对走线的一些线头有遗漏，这种线头简称"Stub 线头"，在信号传输过程当中相当于一根"天线"，不断地接收或发射电磁信号，特别是高速的时候，容易给走线导入串扰。

• 丝印与阻焊间距检查：阻焊是防止绿油覆盖的区域，会出现露铜或者露基材的情况，当我们的丝印标示放置到这个区域时，会出现缺失的情况，我们需要对其例行检查。

• 元件间距检查：由于 PCB 设计通常是手工布局，可能会出现元件重叠的情况，因此需要对元件间距进行检查。

当进行 DRC 检查后，会弹出"Messages"窗口，列出不符合规则的条目，双击可以定位到 PCB 问题处，如图 6-17 所示，设计者根据问题提示进行修改。一般情况下，解决问题的方法：一是修改规则，以生产设备的精度为标准；二是修改设计，修改走线。

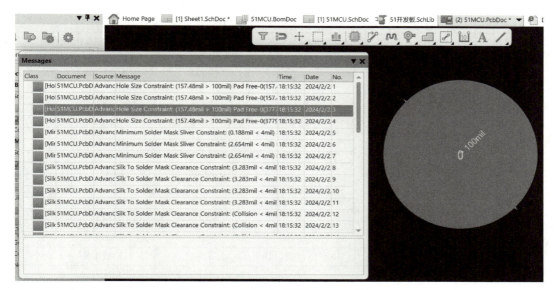

图 6-17　DCR 检查后的"Messages"窗口

"Messages"窗口如果没有自动弹出，可以单击 PCB 编辑界面右下角的"Panels"→"Messages"，就可以找到"Messages"窗口。

操作方法

新建一个 51 单片机开发板 PCB 工程，并给工程添加 4 个文件：原理图库文件（.SchLib）、封装库文件（.PCBLib）、原理图文件（.SchDoc）、PCB 文件（.PCBDoc），并保存。接下来，先制作原理图库和封装库，再绘制原理图，编译修改无误后，导入 PCB 进行设计制作。

1. 51 单片机开发板原理图库和封装库制作

表 6-1 是 51 单片机开发板工程输出的 BOM 表，表中详细列出了绘制 51 单片机开发板所需要的原理图元件清单和对应的封装形式，下面我们先根据表 6-1 来制作工程的原理图库和封装库。

表 6-1　51 单片机开发板 BOM 表

器件名称	器件描述	器件位号	器件封装	集成库中元件名称	用料数量
Header 4	Header，4-Pin	1. GND1	HDR1×4	Header 4	2
蜂鸣器	Buzzer	BZ1	L101	BUZZER	1
33P	104	C1，C2，C3，C4，C5	0603	CAP	5
10uf	Polarized Capacitor	C6	CD4	Cap Pol1	1
22uf	—	CP1	CD4	CD	1
紧锁座	U	CPU1	ZIF40-D	89C51	1
LED 红	—	D1，D2，D3，D4，D5	ILED0603	LED	9
SIP2	跳线帽	J1，J4，J11	SIP2	2针插座	3
LCD1602		J2	SIP16	LCD1602	1
LCD12864	—	J3	SIP20	LCD12864	1
SIP8	8 Pin Header	J5，J6，J8，J9	SIP8	8 HEADER	4
插槽 SIP5	Connector	J7	SIP5	CON5	1
DS18B20	—	J10	IR1	DS18B20	1
按键	—	KEY1，KEY2，KEY3，KEY4	JZ-SW2	JZ-SW2	5
自锁开关	自锁开关	POWER1	SW6	SW3-DP	1
2TY	—	Q1，Q2，Q3，Q4，Q5	NPN	8550	5
27R	27R	R1，R2	0603	Res1	2
470R	470R	R3	0603	Res2	1
10K	10K	R4，R6	0603	Res3	2
1K	1K	R5	0603	Res0	1
电位器 502	Potentiometer	RJ1	WR2	POT2	1
排阻 10K	排阻 10K×4	RP1，RP2，RP3，RP4，RP5	0603-4	RES4	5
LED4	—	SMG1	0.36*4LED	LED4	1
CH340C	—	U1	SOP-16	CH340C	1
ULN2003D	Seven Darlington Arr	U2	SOP-16	ULN2003D	1
MiniUSB	Header，5-Pin	USB1	MINIUSB_5 PIN_4Pad	USB	1
12MHz	Crystal	Y1	HDR1×3	CRYSTAL	1

1)51 单片机开发板原理图库制作

（1）Header 4（封装：HDR1×4）。这个元件是一个插座元件，可以从 Altium Designer 自带的集成库 Miscellaneous Connectors 里复制过来，如图 6-18 所示。

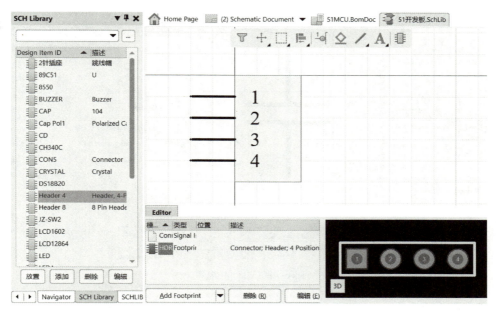

图 6-18　Header 4 元件

（2）蜂鸣器（封装：L101）。可以自己绘制，也可以从 Altium Designer 自带的 Miscellaneous Devices 集成库里复制，然后修改元件属性，如图 6-19 所示。

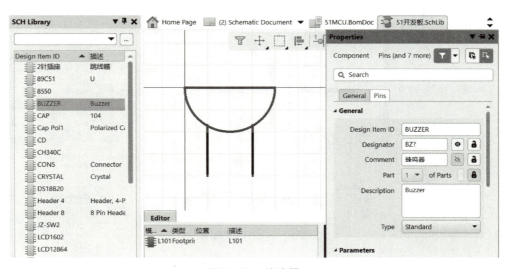

图 6-19　蜂鸣器

（3）电容。

①33 pF 电容（封装：0603），可以自己绘制，也可以从 Altium Designer 自带的 Miscellaneous Devices 集成库里复制，如图 6-20 所示。

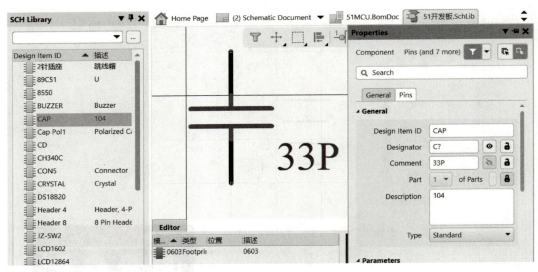

图 6-20　33 pF 电容

②10 μF 电解电容（封装：CD4），可以自己绘制，也可以从 Altium Designer 自带的 Miscellaneous Devices 集成库里复制，如图 6-21 所示。

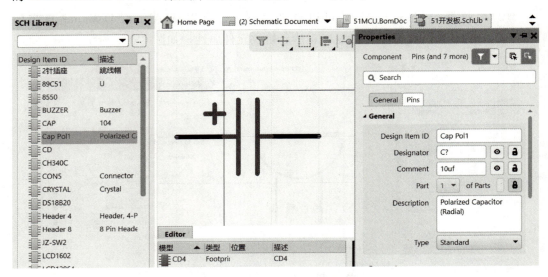

图 6-21　10 μF 电容

③22 µF 电解电容（封装：CD4），可以自己绘制，也可以从 Altium Designer 自带的 Miscellaneous Devices 集成库里复制，如图 6－22 所示。

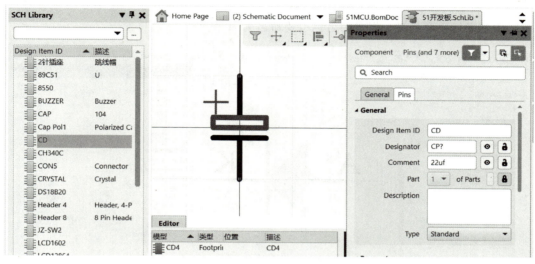

图 6－22 22 µF 电容

（4）51 单片机（紧锁座封装：ZIF40－D）。51 单片机需要自己绘制，先绘制方框，再放置引脚，如图 6－23 所示。

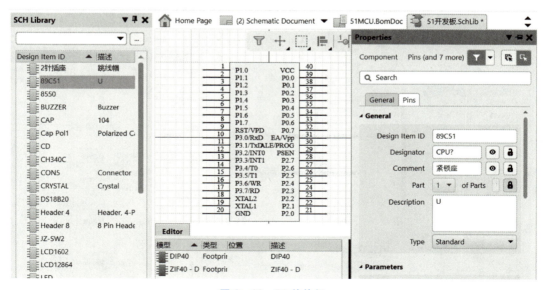

图 6－23 51 单片机

(5)LED(light emitting diode，发光二极管)灯(封装：LED0603)。LED 灯可以自己绘制，也可以从 Altium Designer 自带的 Miscellaneous Devices 集成库里复制，如图 6－24 所示。注意 LED 灯的两个引脚，这里采用了 A 表示正极，K 表示负极，在后面制作对应封装形式时，焊盘的名称也要命名为 A 和 K。

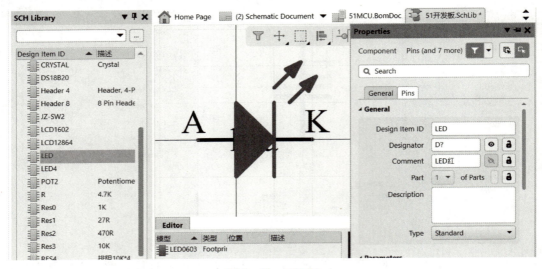

图 6－24　LED 灯

(6)2 针跳线帽(封装：SIP2)。2 针跳线帽需要自己绘制，如图 6－25 所示。

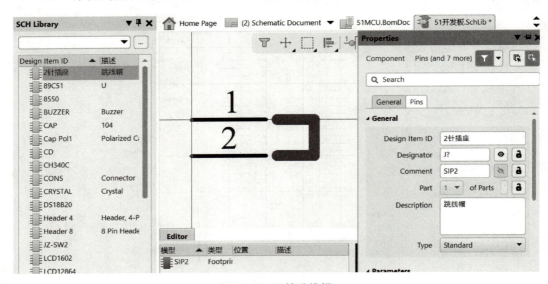

图 6－25　2 针跳线帽

（7）LCD1602（封装：SIP16）。LCD1602 需要自己绘制，如图 6 - 26 所示。

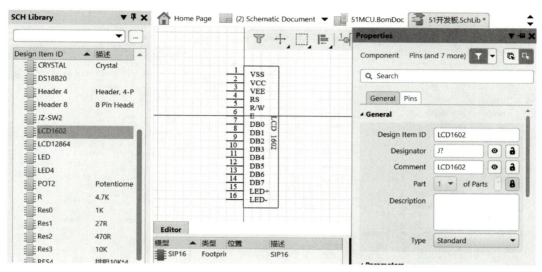

图 6 - 26　LCD1602

（8）LCD12864（封装：SIP20）。LCD12864 需要自己绘制，如图 6 - 27 所示。

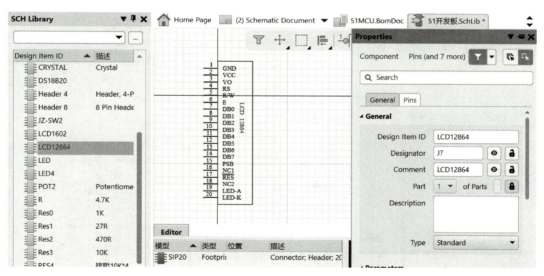

图 6 - 27　LCD12864

（9）Header 8（封装：SIP8）。Header 8 可以从 Altium Designer 自带的集成库 Miscellaneous Connectors 里复制过来，如图 6－28 所示。

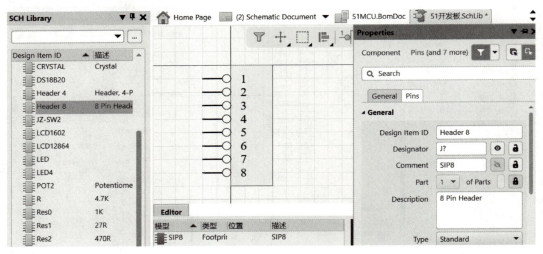

图 6－28　Header 8

（10）CON5（封装：SIP5）。CON5 可以从 Altium Design 自带的集成库 Miscellaneous Connectors 里复制过来，如图 6－29 所示。

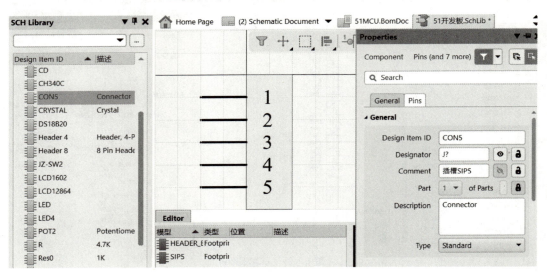

图 6－29　CON5

（11）DS18B20（封装：IR1）。DS18B20 需要自己制作，如图 6-30 所示。

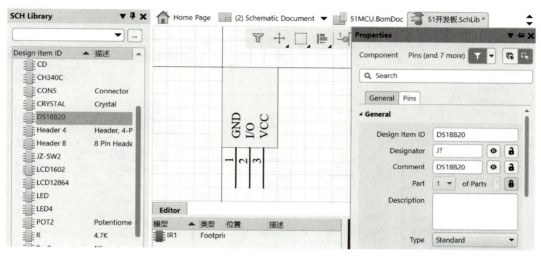

图 6-30　CON5

（12）按键（封装：JZ-SW2）。按键需要自己制作，如图 6-31 所示。

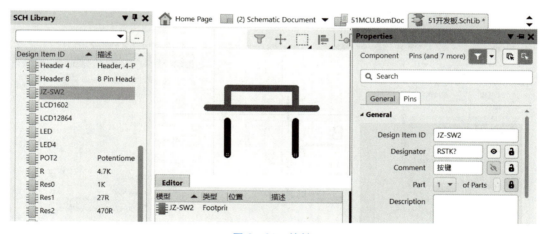

图 6-31　按键

（13）自锁开关（封装：SW6）。自锁开关可以自己制作，也可以从 Altium Designer 自带的集成库 Miscellaneous Devices 里复制过来，如图 6-32 所示。

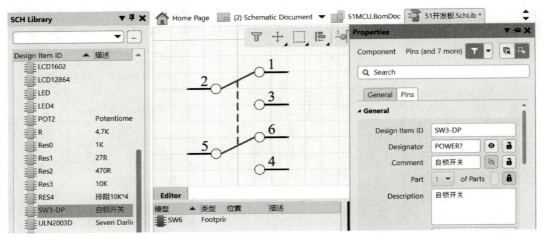

图 6-32　自锁开关

（14）8550NPN（封装：NPN）。8550NPN 可以从 Altium Designer 自带的集成库 Miscellaneous Devices 里复制过来，如图 6-33 所示。

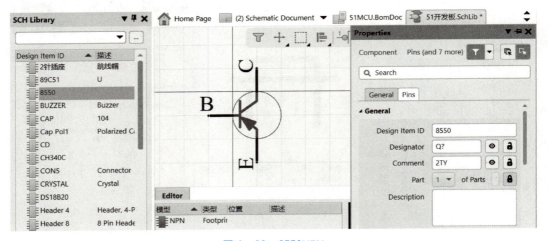

图 6-33　8550NPN

（15）电阻。

①27 Ω 电阻（封装：0603），可以从 Altium Designer 自带的集成库 Miscellaneous Devices 里复制过来，如图 6-34 所示。

②470 Ω 电阻（封装：0603），可以从 Altium Designer 自带的集成库 Miscellaneous Devices 里复制过来，如图 6-35 所示。

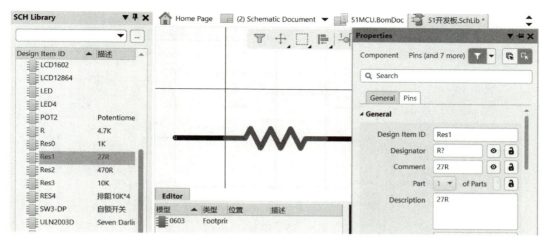

图 6 - 34　27 Ω 电阻

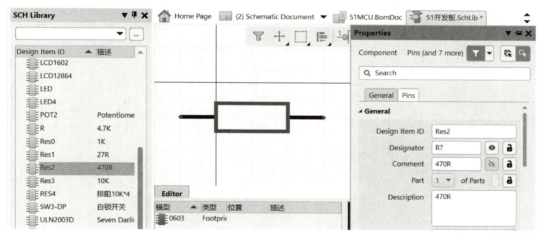

图 6 - 35　470 Ω 电阻

　　③10 kΩ 电阻（封装：0603），可以从 Altium Designer 自带的集成库 Miscellaneous Devices 里复制过来，如图 6 - 36 所示。

　　④1 kΩ 电阻（封装：0603），可以从 Altium Designer 自带的集成库 Miscellaneous Devices 里复制过来，如图 6 - 37 所示。

　　⑤电位器（考虑到 LCD1602 的安装问题，采用卧式可调电位器，封装：WR2），电位器也可以从 Altium Designer 自带的集成库 Miscellaneous Devices 里复制过来，如图 6 - 38所示。

Altium Designer 电路设计与制作

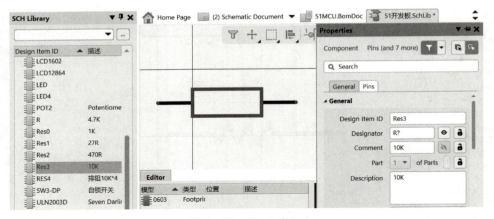

图 6 - 36　10 kΩ 电阻

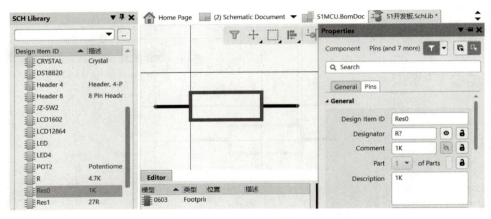

图 6 - 37　1 kΩ 电阻

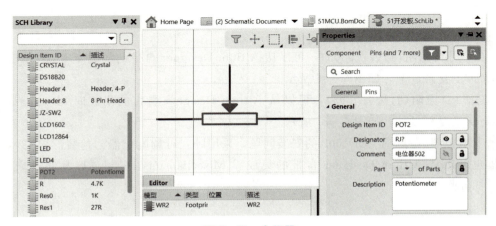

图 6 - 38　电位器

⑥10 K 排阻(封装：0603 - 4)，10 K 排阻需要自己制作，如图 6 - 39 所示。

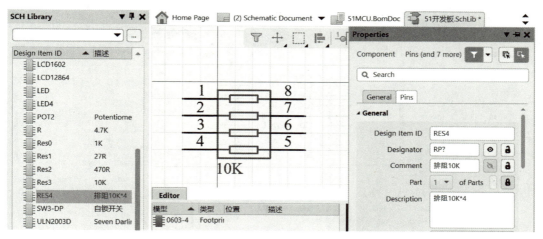

图 6 - 39　10K 排阻

(16)4 位数码管(封装：0.36×4LED)。4 位数码管需要自己制作，如图 6 - 40 所示。

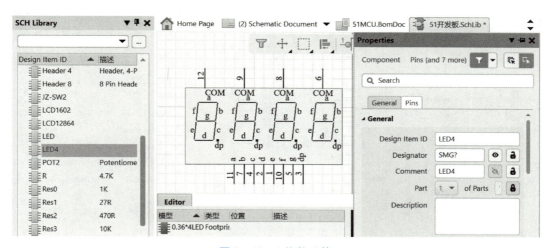

图 6 - 40　4 位数码管

(17)CH340C(封装：SOP‐16)。CH340C需要自己制作，如图6‐41所示。

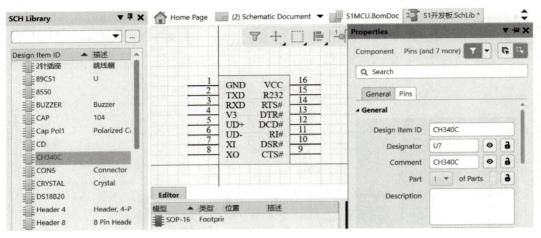

图 6‐41　CH340C

(18)ULN2003D(封装：SOP‐16)。ULN2003D需要自己制作，如图6‐42所示。

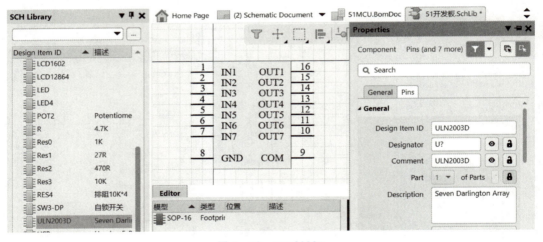

图 6‐42　ULN2003D

(19)MiniUSB(封装：MINIUSB_5PIN_4Pad)。MiniUSB需要自己制作，如图6‐43所示。

(20)12 MHz 晶振(封装：HDR1×3)。12 MHz 晶振可以自己制作，也可以从Altium Designer 自带的集成库 Miscellaneous Devices 里复制过来，如图6‐44所示。

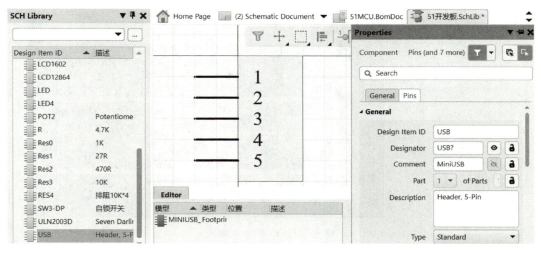

图 6 - 43　MiniUSB

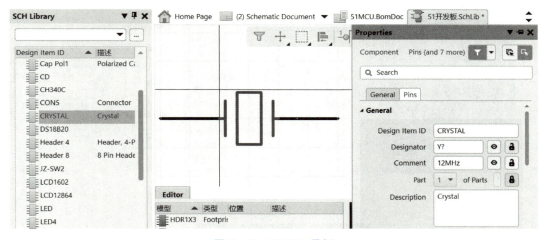

图 6 - 44　12 MHz 晶振

2)51 单片机开发板封装库制作

(1)HDR1×4 封装。这个封装可以从 Altium Designer 自带的集成库 Miscellaneous Connectors 里复制过来，如图 6 - 45 所示。

(2)L101 封装。这个封装需要自己制作，如图 6 - 46 所示。

(3)0603 封装。这个封装需要自己制作，如图 6 - 47 所示。

Altium Designer **电路设计与制作**

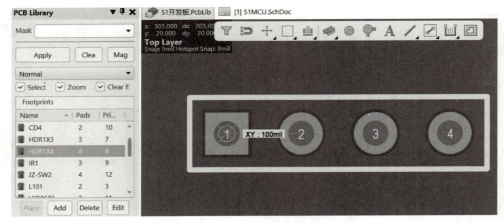

图 6－45　HDR1×4 封装

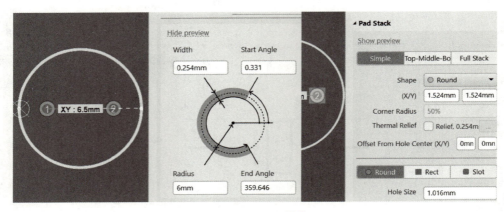

图 6－46　L101 封装

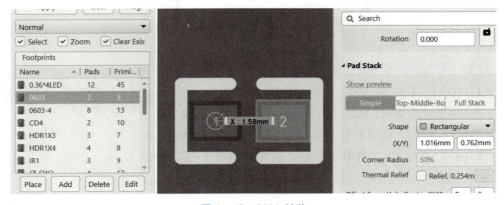

图 6－47　0603 封装

（4）CD4 封装。这个封装需要自己制作，如图 6 - 48 所示。

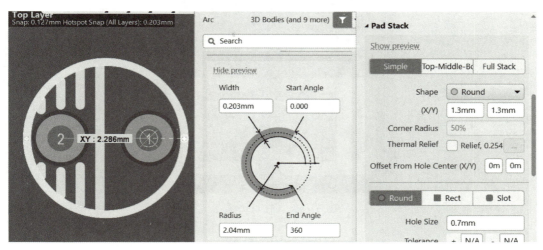

图 6 - 48 CD4 封装

（5）ZIF40 - D 封装。这个封装需要自己制作，也可以利用元件封装向导制作，如图 6 - 49 所示。

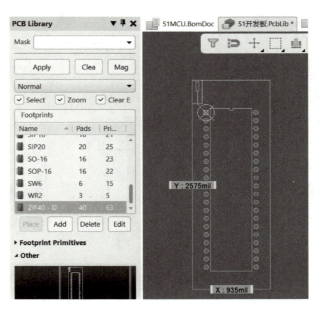

图 6 - 49 ZIF40 - D 封装

（6）LED0603 封装。这个封装需要自己制作。注意焊盘名称为 A、K，与原理图引脚名称一致，如图 6 - 50 所示。

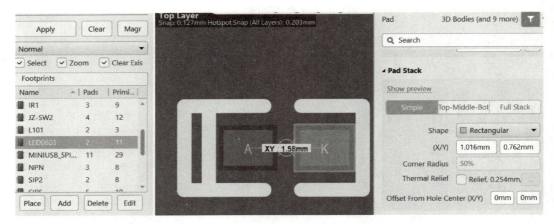

图 6 – 50　LED0603 封装

（7）SIP2、SIP16、SIP20、SIP8、SIP5 封装。这几个封装都可以从 Altium Designer 自带的集成库 Miscellaneous Connectors 里复制过来。

（8）IR1 封装。IR1 封装需要自己制作，如图 6 – 51 所示。

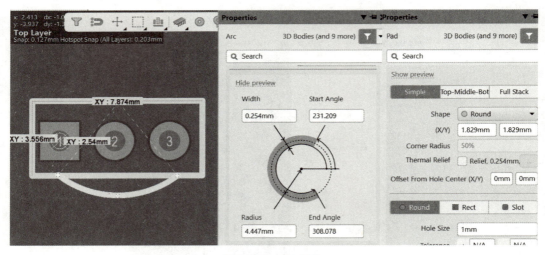

图 6 – 51　IR1 封装

（9）JZ – SW2 封装。JZ – SW2 封装需要自己制作，如图 6 – 52 所示。

（10）SW6 封装。SW6 封装需要自己制作，如图 6 – 53 所示。

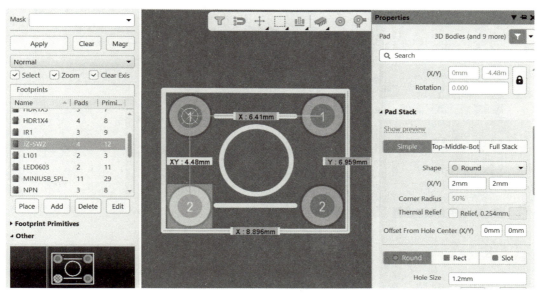

图 6 - 52　JZ - SW2 封装

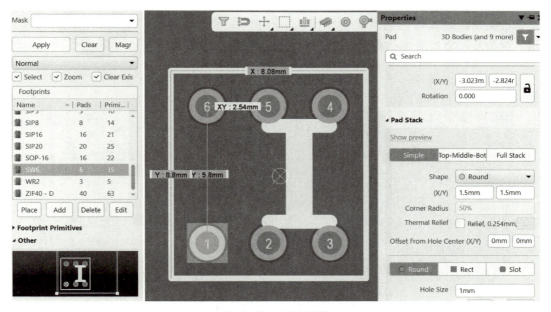

图 6 - 53　SW6 封装

（11）NPN 封装。NPN 封装需要自己制作，如图 6 - 54 所示。

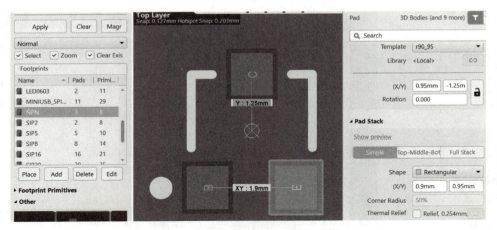

图 6-54　NPN 封装

（12）WR2 封装。WR2 封装是 LCD1602 和 LCD12864 的可调电阻，考虑到 LCD1602 的安装问题，采用卧式可调电阻封装，这个封装需要自己制作。卧式可调电阻实物如图 6-55 所示，封装及尺寸如图 6-56 所示。

名称：蓝白可调电位器
规格：卧式100K

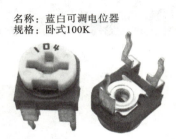

图 6-55　卧式可调电阻实物图

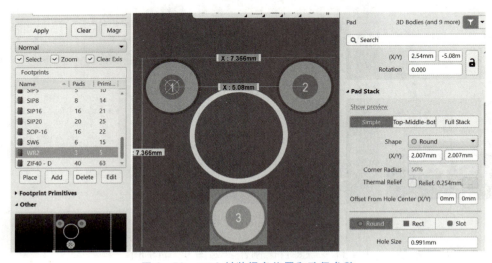

图 6-56　WR2 封装焊盘位置和孔径参数

（13）0603-4 封装。0603-4 封装需要自己制作，如图 6-57 所示。

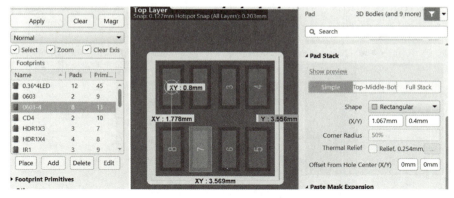

图 6 - 57 0603 - 4 封装及焊盘参数

（14）0.36×4LED 封装。0.36×4LED 封装需要自己制作，如图 6 - 58 所示。

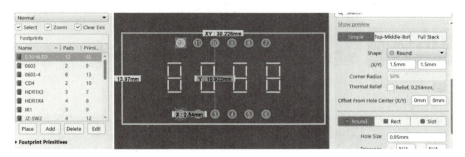

图 6 - 58 0.36×4LED 封装

（15）SOP - 16 封装。SOP - 16 封装可以用元件封装向导生成，如图 6 - 59 所示。

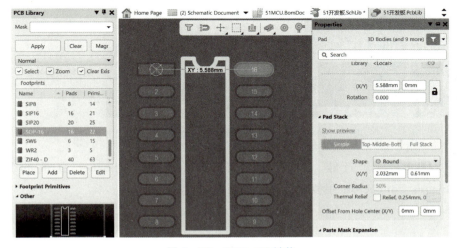

图 6 - 59 SOP - 16 封装

（16）MINIUSB_5PIN_4Pad 封装。MINIUSB_5PIN_4Pad 封装需要自己制作，如图 6-60 和图 6-61 所示。

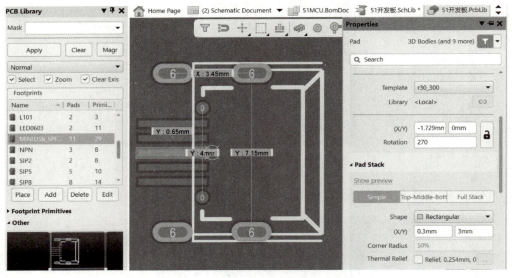

图 6-60　MINIUSB_5PIN_4Pad 封装

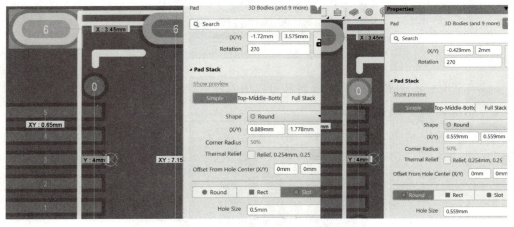

图 6-61　MINIUSB_5PIN_4Pad 封装及焊盘尺寸

（17）HDR1 × 3 封装。这个封装可以从 Altium Designer 自带的集成库 Miscellaneous Connectors 里复制过来，如图 6-62 所示。

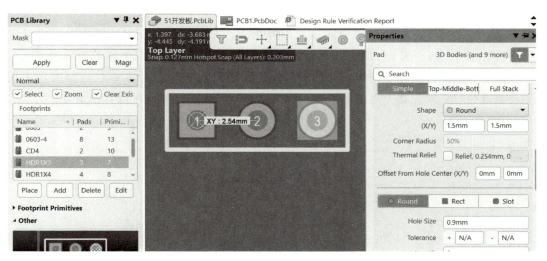

图 6－62　HDR1×3 封装

2. 51 单片机开发板原理图绘制

原理图库和封装库制作完成后，即可开始绘制 51 单片机开发板原理图。具体操作步骤如下。

（1）调整原理图图纸大小。因为原理图较复杂，需要将原理图图纸调整为 A3 大小，如图 6－63 所示。

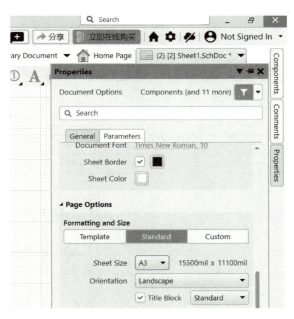

图 6－63　原理图图纸尺寸修改

(2)绘制原理图模块。51 单片机开发板原理图是按模块绘制的。按照各个模块图纸，将对应的元件从原理图库中拖动到原理图中，布局完成后，用导线和网络标号进行连接。图 6-64～图 6-73 是各模块的参考电路。

注意：从原理图库中拖曳出来的元件位号后缀都是"?"，在绘制模块电路时，不用手动修改位号，画完整个电路图后，用原理图标注的功能，软件可以自动编号。

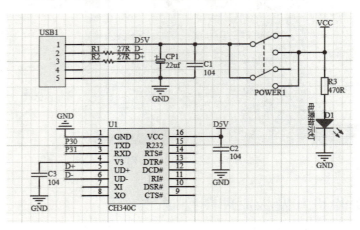

图 6-64　USB 供电模块和 CH340 烧录模块

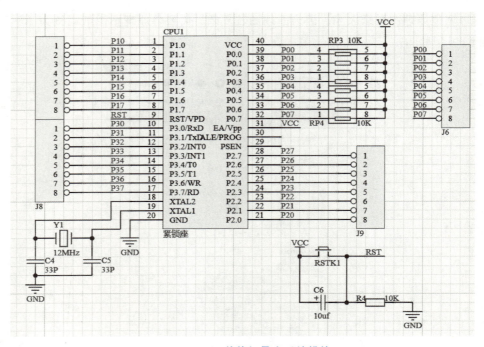

图 6-65　51 单片机最小系统模块

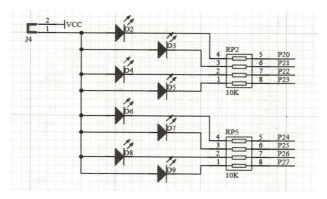

图 6 - 66　LED 流水灯模块

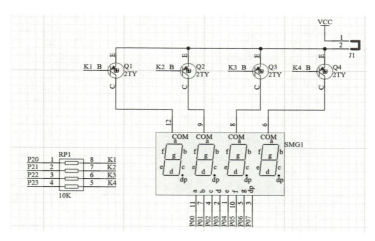

图 6 - 67　4 位共阳数码管

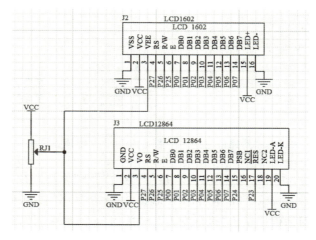

图 6 - 68　显示模块 LCD1602/LCD12864

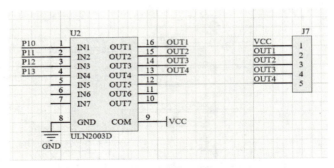

图 6-69　五线四相步进电机驱动模块

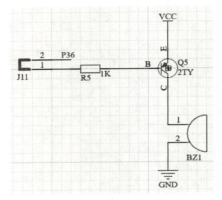

图 6-70　蜂鸣器模块

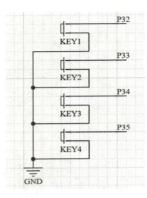

图 6-71　4 个独立按键

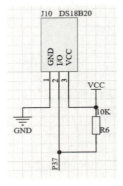

图 6-72　温度传感器模块

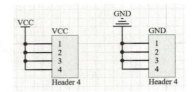

图 6-73　5 V 电源模块和 GND 引出端

（3）原理图标注。执行菜单命令："工具"→"标注"→"原理图标注"，如图 6-74 所示。单击"更新更改列表"，在弹出的对话框中单击"OK"，单击"接受更改（创建ECO）"，在弹出的对话框中单击"执行变更"→"关闭"，然后关闭原理图标注对话框。

图 6-74　原理图标注

（4）批量添加封装。执行菜单命令："工具"→"封装管理器"，勾选元件，逐一添加封装，如图 6-75 所示。元件名和封装名的对应关系，可参考表 6-1。

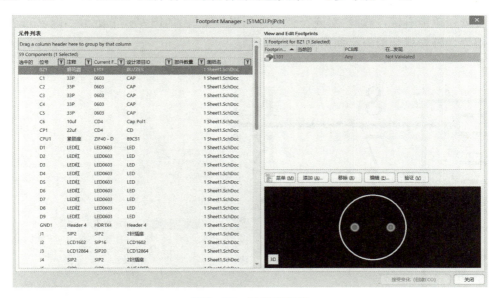

图 6-75　封装管理器

（5）原理图编译。在工程名称上单击右键，选择"Validate PCB Project 51MCU.PrjPcb"，弹出"Messages"消息窗口，如果没有弹出，在页面右下角单击"Panels"，选择"Messages"，也可弹出"Messages"消息窗口，如图 6-76 所示。

图 6 - 76 "Messages"消息窗口

"Messages"消息列表提示有 2 个警告，没有错误。"off grid Net Label"的原因是网络标号 K2 和 K3 没有和栅格对齐，双击警告信息，软件会定位到原理图出现警告的网络标号处，单击右键，选择"对齐"→"对齐到栅格上"，如图 6 - 77 所示。修改完毕后，重新编译，警告就会消失，如图 6 - 78 所示。

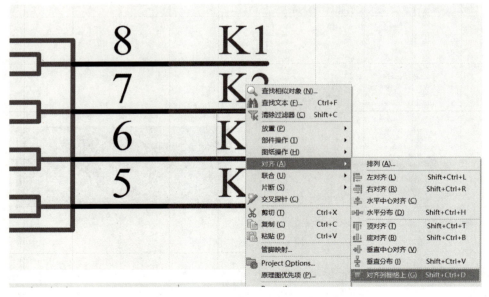

图 6 - 77 "对齐"→"对齐到栅格上"

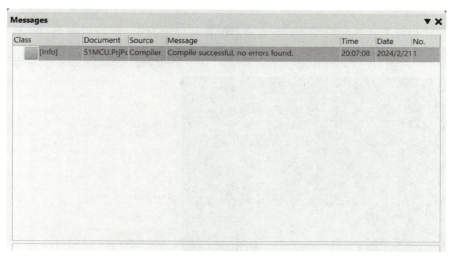

图 6-78　警报消失后的"Messages"窗口

3. 51 单片机开发板 PCB 设计步骤

原理图绘制完成后，即可开始 51 单片机开发板 PCB 的设计。具体操作步骤如下。

（1）设置 PCB 的大小。先设置一个原点，以原点为左下角，在 PCB 的"Mechanical 1"层和"Keep-Out Layer"层绘制两个重叠的 100 mm×85 mm 的矩形框，勾选整个矩形，执行菜单命令："设计"→"板子形状"→"按照选择对象定义"，将 PCB 裁剪成 100 mm×85 mm 大小，如图 6-79 所示。

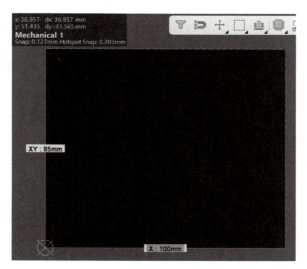

图 6-79　100 mm×85 mm 矩形 PCB

(2)放置定位孔。执行菜单命令"放置"→"焊盘"，在板子的四角处放置 4 个定位孔，定位孔离左右边框距离均为 4 mm。定位孔孔径也为 4 mm，如图 6－80 所示。

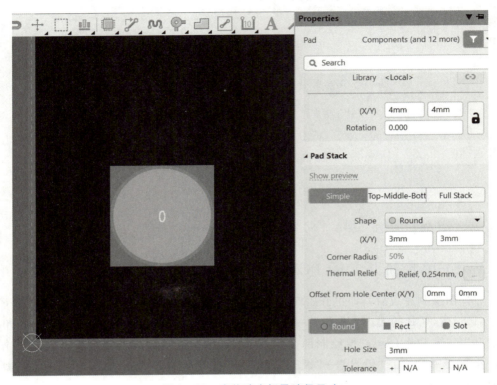

图 6－80　定位孔坐标及孔径尺寸

(3)将原理图更新到 PCB。在原理图编辑界面，执行菜单命令："设计"→"Update PCB Document 51 开发板．PcbDoc"，将原理图的信息导入到 PCB 中，如图 6－81 所示。

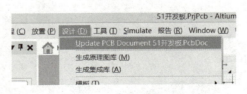

图 6－81　更新到 PCB 中

弹出"工程变更指令"窗口，单击"验证变更"→"执行变更"，如图 6－82 所示。原理图元件封装及网络连接信息已经更改到 PCB 中了，如图 6－83 所示。

图 6-82　工程变更指令窗口

图 6-83　元件封装及网络连接信息更改到 PCB 中

(4)设置好原理图和 PCB 的交叉选择模式，借助此功能，按照原理图模块电路的组成，对元件进行布局。参考图 6-84。在元件拖曳的过程中，按英文字母 L，可实现元件的换层，例如顶层换到底层。元件布局过程中，可执行菜单命令："视图"→"连接"→"全部隐藏"，或在英文输入法下按"N"→"H"→"A"，将飞线隐藏，布局完成后，再打开飞线。

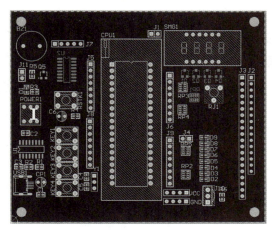

图 6-84　调整元件布局

（5）创建 Power 类。设置布线规则前，先创建一个 Power 类，执行菜单命令："设计"→"类"，进入对象类浏览器对话框。左侧右键单击"Net Classes"，选择"添加类"，修改类名称为"Power"，将 GND、VCC、D5V 等网络添加为 Power 类成员，如图 6-85 所示，然后单击"确定"。

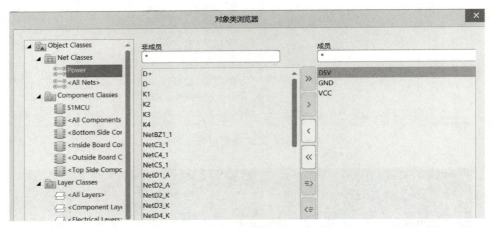

图 6-85　创建 Power 类

（6）设置布线规则。执行菜单命令："设计"→"规则"，打开 PCB 规则及约束编辑器对话框，展开左侧的"Routing"布线规则，找到"Width"（线宽）规则，默认线宽为 10 mil，右键单击"Width"，添加新规则，规则名修改为"Power"，勾选"Power"规则，在右侧修改首选宽度、最小宽度、最大宽度均为 20 mil，注意 Power 规则的适用范围为"Net Class"→"Power"，且 Power 规则优先级高于 Width，如图 6-86 所示。

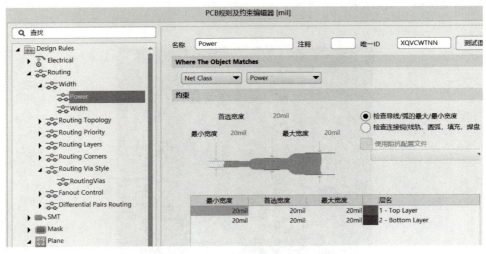

图 6-86　PCB 规则及约束编辑器对话框

（7）PCB 布线。执行菜单命令："布线"→"自动布线"→"全部"，弹出"Situs"布线策略对话框，勾选锁定已有布线和布线后消除冲突的复选框，再单击"Route All"按钮，会出现自动布线的过程，如图 6-87 所示。

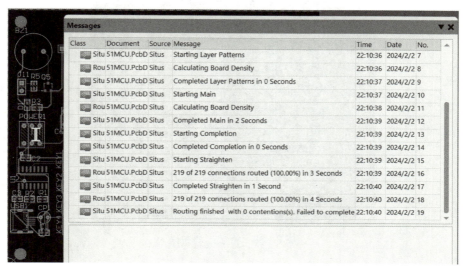

图 6-87 自动布线过程

（8）自动布线后，检查是不是所有的元件都布线完成，是否有没有完成的网络，检查方法：右下角单击"Panels"，选择 PCB，打开"PCB"面板，如图 6-88 所示，单击"All Nets"，在下方检查"Unrouted（Manhattan）（mil）"项，如果都为 0，则说明布线完成，如果有不为 0 的值，单击该值跳转到没布完的网络，手动调整布局或连线，直至完成所有网络布线。

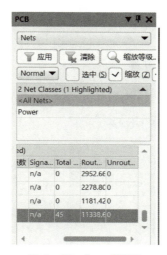

图 6-88 "PCB"面板

（9）由于自动布线有时候会有走线过长、绕弯较多等问题，所以可以在自动布线后，手动调整不合理的线路，直至布线全部完成，如图 6 - 89 所示。

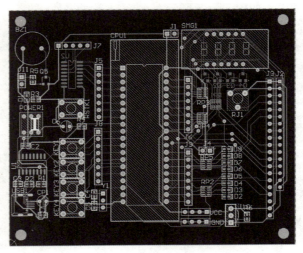

图 6 - 89　修改后的布线

（10）DRC 设计规则检查。一个完整的 PCB 设计必须经过各项电气规则检查。执行菜单命令："工具"→"设计规则检查"，设置好检查规则后，单击"运行 DRC"，弹出"Messages"窗口，列出不符合规则的条目，双击可以定位到 PCB 问题处，也可以关闭"Messages"窗口，在"Design Rule Verification Report"文件中查看检查结果，如图 6 - 90 所示，设计者根据问题提示进行修改。解决问题的方法：一是修改规则，以生产设备的精度为标准；二是修改设计，修改走线。

图 6 - 90　设计规则检查报告

　　(11)滴泪。执行菜单命令："工具"→"滴泪"，弹出泪滴对话框，可以保持默认参数，对象选择全部，单击确定，PCB 的焊盘上就增加了泪滴效果。

　　(12)敷铜。执行菜单命令："放置"→"敷铜"，或者单击工具栏中的"放置多边形平面"按钮，按"Tab"键打开"Polygon Pour"面板，在"Properties"选项组参数设置如图 6-91 所示。参数设置完成后，按回车键，关闭"Polygon Pour"面板，此时用光标沿着 PCB 框边界线画一个闭合的矩形框，完成后右键退出敷铜状态。敷铜效果如图 6-92 所示。

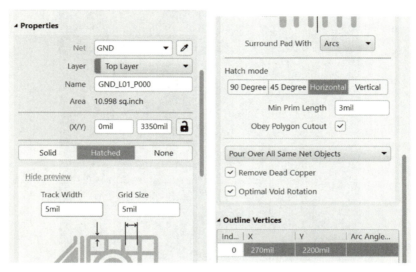

图 6-91　"Polygon Pour"面板参数设置

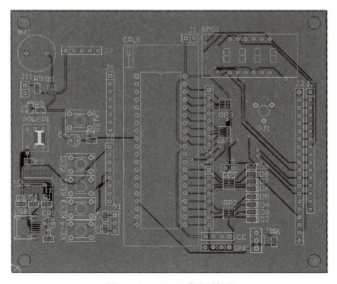

图 6-92　PCB 敷铜效果

(13)放置尺寸标注。执行菜单命令："放置"→"尺寸"→"线性尺寸"，在放置尺寸标注的状态下，按"Tab"键，修改属性参数中的层，将尺寸标注修改到"Top OverLay"层，单位切换到"mm"，按回车键开始标注尺寸，单击PCB框长的两个顶点，会自动添加尺寸标注，同样操作单击PCB框宽的两个顶点，此时注意，单击宽的一个顶点后，按空格键，改变标注的方向（从水平变成垂直），再单击宽的另一个顶点即可，如图6-93所示。

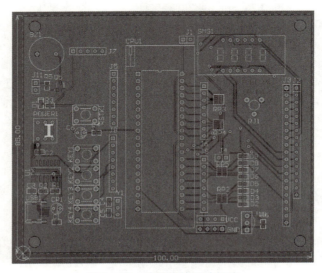

图6-93　放置线性尺寸标注

📝 学习引导

活动一　学习准备

(1)小组讨论，读懂51单片机开发板的原理图。

(2)小组成员分工合作，查找51单片机开发板中用到的元件的资料，包括实物图片、原理图符号、封装尺寸，并整理汇总。

活动二　制订计划

(1)制订项目完成的时间计划，在完成任务过程中遇到问题，互相讨论解决，或请教老师和同学。

(2)在完成项目的过程中，要互相学习、互相借鉴、互相讨论，完全掌握PCB的设计和制作方法。

活动三　任务实施

(1)制作 51 单片机开发板的原理图库和封装库。

(2)绘制 51 单片机开发板原理图。

(3)绘制 51 单片机开发板 PCB 图。

活动四　考核评价

知识考核

(1)PCB 常见的基本布局规则有哪些？

(2)常见的电气规则检查有哪些？

活动评价

自评：针对项目学习的收获、成长等，自己进行评价，填入表 6-2。

互评：小组成员根据同伴的协作学习、纪律遵守表现等，互相进行评价，填入表 6-2。

师评：教师根据项目完成度、活动参与度、规范遵守情况、学习效果等进行综合评价，填入表 6-2。

表 6 - 2　项目活动评价表

评价模块	评价标准	自评 （20%）	互评 （20%）	师评 （60%）
学习准备	熟悉 51 单片机开发板的原理图（5 分）			
	整理元件资料（5 分）			
制订计划	能列出元件库完成标准（10 分）			
	能列出工程编译检查注意事项（10 分）			
	能够积极与他人协商、交流（10 分）			
任务实施	能完成 51 单片机开发板的原理图库和封装库的制作（15 分）			
	能绘制 51 单片机开发板原理图（15 分）			
	能绘制 51 单片机开发板 PCB 图（15 分）			
	能够积极与他人合作（15 分）			
总成绩				

项目 7

设计 STM32 开发板 PCB

　　量变的积累才能形成质变，只有多练习才能不断提高技能水平，本章将以元件数量更多，器件集成度更高，电路更复杂的 STM32 开发板为例，完成一个完整的 PCB 设计流程，让你熟悉 PCB 具体操作，通过将实践与理论结合更加熟练地掌握 PCB 多层板具体操作，并学习通过 PCB 生产文件完成电路设计到实际生产各个流程的转变。

 学习目标

知识目标：

了解电路差分信号。

认识 PCB 设计流程各个环节的生产文件。

掌握实际 PCB 项目设计的完整流程。

能力目标：

掌握差分线的设置方法。

掌握生产文件的输出方法。

素质目标：

培养创新能力。

培养突破自我、精益求精的工匠精神。

必备知识

1. 实例简介

　　STM32 开发板是一款迷你开发板，板载资源丰富。CPU 采用的是 STM32F103RCT6，64 脚封装，FLASH 265 K，SRAM 48 K。有 1 个标准的 JTAG/SWD 调试下载口，1 个电源指示灯和 1 个电源开关控制整个板的电源，2 个状态指示灯，1 个复位按钮，3 个功能按钮，5 V/3.3 V 电源供应/接入口，1 个 2.4 G 无线通信

接口，2 个 USB 接口：1 个用于 USB 通信，1 个可用于程序下载和代码调试。存储配有 1 个 IC 接口的 EEPROM 芯片，24C02，容量 256 B，1 个 SPIFLASH 芯片，W25Q64，容量为 8 MB(即 64 Mbit)，预留 1 个 SD 卡接口。显示有 1 个标准的 2.4/2.8/3.5/4.3/7 寸 LCD 接口，支持触摸屏，1 个 OLED 模块接口(与 LCD 接口部分共用)。预留红外、温度传感器，PS/2 接口，1 个 RTC 后备电池座，并带电池。

本实例 PCB 性能技术要求如下。

(1)布局布线考虑信号稳定及 EMC(electromagnetic compatibility，电磁兼容性)。

(2)分清信号线和电源线流向，PCB 走线合理美观。

(3)USB 信号线差分走线并包地处理。

2. 操作技巧

1)选择

在 PCB 设计中，经常需要选择一个或多个元件进行操作，有多种选择方法。

单选用鼠标左键单击元件选择即可。多选的方法有以下几种。

(1)按住"shift"键，单击鼠标左键依次单击要选择元件。

(2)按住鼠标左键，从左向右拉出一个框，框内的元件会全部被选中，框外或和框交界的元件不会被选中，如图 7-1 和图 7-2 所示。

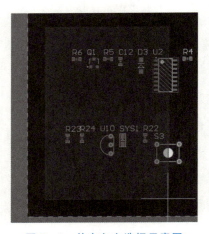
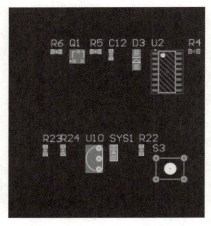

图 7-1　从右向左选择示意图　　　　　图 7-2　从右向左选择选中的元件

(3)按住鼠标左键，从右向左拉出一个框，框内和框交界的元件会全部被选中，框外的元件不会被选中，如图 7-3 和图 7-4 所示。

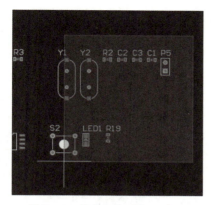

图 7 - 3　从左向右选择示意图

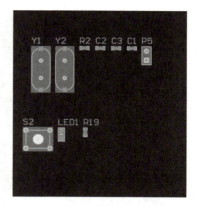

图 7 - 4　从左向右选择选中的元件

(4)通过菜单命令选中元件。英文输入法状态下按下按键"S"，弹出选择命令菜单，如图 7 - 5 所示。

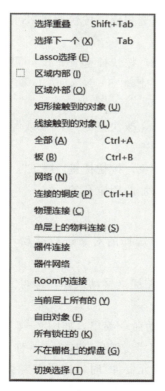

图 7 - 5　选择命令菜单

•"Lasso 选择"：滑选，按快捷键"S＋E"，滑动出任意图形，把要选择的元件包含在图形内即可选中元件，如图 7 - 6 和图 7 - 7 所示。

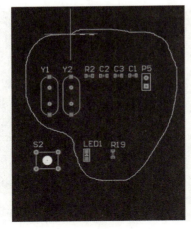

图 7 - 6　Lasso 选择示意图

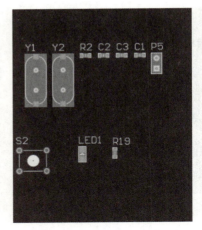

图 7 - 7　Lasso 选择选中的元件

• "区域内部"：框选，按快捷键"S＋I"，选中完全包含在框选范围内的对象。

• "区域外部"：反选，和框选相反，按快捷键"S＋O"，选中框选范围之外的所有对象。

• "线接触到的对象"：线选，按快捷键"S＋L"，可以把走线碰到的对象全部勾选。

• "网络"：网络选择，按快捷键"S＋N"，单击一下需要选择的网络，只要和单击的网络相同的对象都会被勾选。

• "连接的铜皮"：物理选择，按快捷键"S＋P"或者"Ctrl＋H"，物理上相连接的对象（不管网络是否相同）都会被勾选。

• "自由对象"：选择自由对象，按快捷键"S＋F"，可以勾选 PCB 上独立放置的一些自由对象如丝印标识、手工添加的固定孔等。

2）移动

操作对象勾选之后，需要对选择的对象进行移动，方法如下。

（1）勾选元件后，按住鼠标左键，移动鼠标，即可完成元件移动。

（2）按快捷键"M"，弹出移动命令菜单，如图 7 - 8 所示。

• "器件"：按快捷键"M＋C"，弹出"选择元器件"对话框，如图 7 - 9 所示。选择"跳至元器件"时，选择需要移动的元件位号，鼠标指针即激活移动此元件的命令，并且鼠标指针跳到此元件的位置。选择"移动元器件到光标"时，可以直接单击需要移动的元件。

图 7 - 8　移动命令菜单

• 移动选中对象：对象被选中之后，按快捷键"M＋X"，单击一下空白绘制或移动参考点即可实现对选中对象的移动。

• "通过 X，Y 移动选中对象"：可以实现对选中对象的精准移动，如图 7-10 所示。

图 7-9　"选择元器件"对话框

图 7-10　坐标精准移动

3)差分信号

差分对的添加方法有以下三种。

(1)在原理图中差分线上放置差分对指示。

执行菜单命令"放置"→"指示"→"差分对"，或者按快捷键"P＋V＋F"，放置差分对指示到引脚上，设置差分信号网络名称前缀必须一致，后缀分别设置为"_n""_p"，如图 7-11 所示。

另外也可以单击原理图编辑窗口的图标命令，如图 7-12 所示，放置差分对指示，如图 7-13 所示。

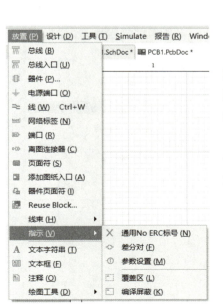

图 7-11　放置"差分对"命令菜单

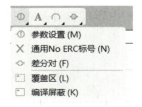

图 7-12　图标命令放置"差分对"命令

Altium Designer 电路设计与制作

然后执行菜单"设计"→"Update PCB Document"命令，将此设置同步导入 PCB 中。

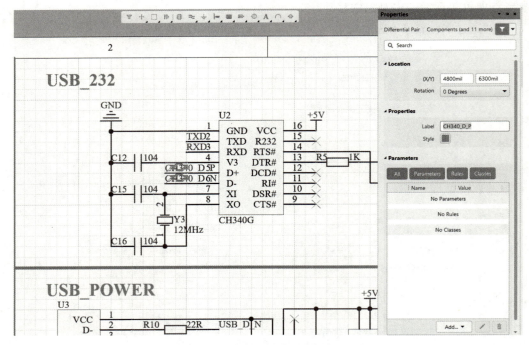

图 7 - 13　原理图中差分对指示

（2）在 PCB 文件中手工添加差分对。

①打开 PCB 文件，在 PCB 编辑环境中单击右下角的"Panels"按钮，在弹出的菜单中选择"PCB"选项，打开"PCB"面板，在上方的下拉列框中选择"Differential Pairs Editor"（差分对编辑）选项，如图 7 - 14 所示。

②单击"添加"按钮，在弹出的"差分对"对话框中选择差分对的正网络和负网络，并定义该差分对的名称，如图 7 - 15 所示。

③完成 PCB 编辑环境下的差分对设置后，在 PCB 面板中即可查看是否添加成功，如图 7 - 16 所示。

图 7 - 14　"PCB"面板

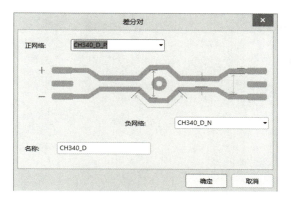

图 7 - 15　"差分对"对话框指示

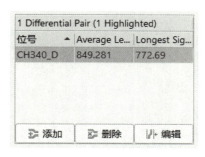

图 7 - 16　已经添加的差分对

（3）通过网络名称创建差分对。

单击图 7 - 17 所示界面中的"从网络创建"按钮，进入"从网络创建差分对"对话框，如图 7 - 18 所示。设置"用...区分"，识别出差分对，然后添加。

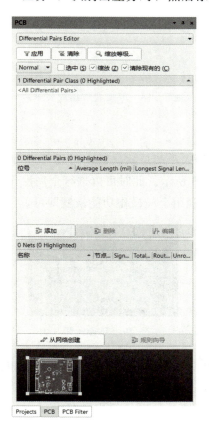

图 7 - 17　"PCB"面板

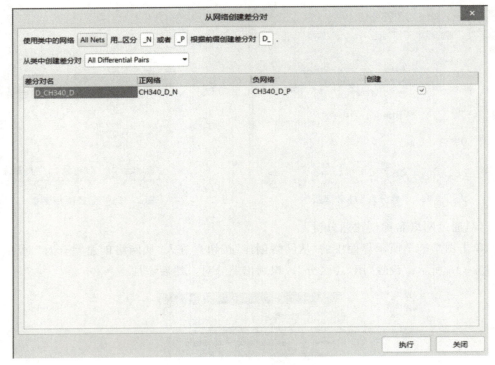

图 7 - 18　根据名称创建差分对

4)全局操作

　　导入 PCB 的元件，位号大小都是默认值，对元件进行排列时，位号和元件重叠在一起，不好识别，如图 7 - 19 所示。此时可以进行全局操作，把元件位号先改小放到元件中心，等到布局完成，再利用全局操作功能恢复即可。

图 7 - 19　元件丝印过大

　　(1)勾选任一元件丝印，单击鼠标右键，执行"查找相似对象"命令，如图 7 - 20 所示。

　　(2)在弹出的如图 7 - 21 所示的对话框中，"Designator"选项后选择"Same"，对所有"Designator"属性的丝印位号进行选择。需要注意下方的选择适配项应根据需要勾选。

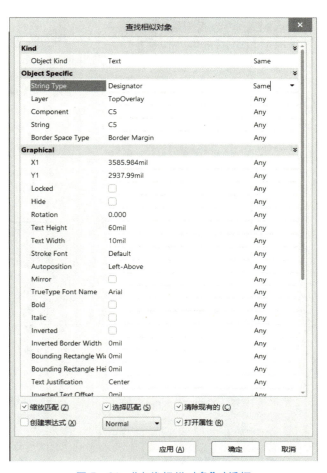

图 7 - 20 "查找相似对象"命令　　　图 7 - 21 "查找相似对象"对话框

- "缩放匹配"：对于匹配项进行缩放显示。
- "选择匹配"：对于匹配项进行选择。
- "清除现有的"：退出当前状态。
- "打开属性"：选择完成之后运行"Properties"。

（3）选择完成之后，单击"确定"按钮，即运行"Properties"，如图 7 - 22 所示，将"Text Height"及"Stroke Width"选项分别更改为"10 mil"与"2 mil"。

（4）对位号大小进行更改后，全选元件，并按快捷键"A＋P"，弹出如图 7 - 23 所示的对话框，把"标识符"放置在元件的中心，单击"确定"按钮。此时，丝印位号不会阻碍视线，可以容易看出元件对应位号，方便布局。

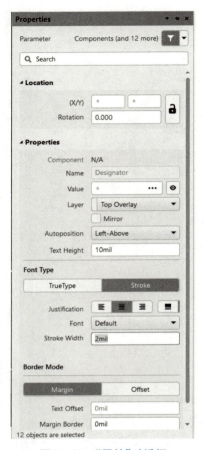

图 7-22 "属性"对话框

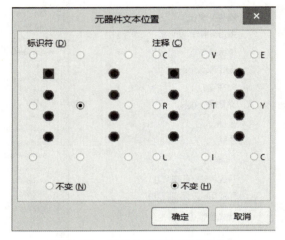

图 7-23 元件位号显示在元件中心

全局操作功能还可以用来修改、编辑元件的锁定、过孔大小、线宽大小等属性，操作与上面的操作类似。

3. 生产文件

在设计完 PCB 后，还需要通过 Altium Designer 生成一些生产文件，以提供给工程人员、采购人员、制板厂、装配厂等，让我们的设计得到实现。生成加工 PCB 相关文件的内容。这些文件用于 PCB 的制作和 PCB 后期的电子元器件的采购和装配，统称为计算机辅助制造（Computer Aided Manufacture，CAM）文件。生产文件清单详见表 7-1。

表 7 - 1　PCB 生产文件

文件名	文件后缀	描述
位号文件	.pdf	显示元器件编号，用于 PCB 装配
阻值图	.pdf	显示元器件说明，用于 PCB 装配
Gerber 文件	.cam	光绘文件，用于驱动光绘机生产 PCB
NC Drill 文件	.cam	钻孔文件，用于 PCB 生产
Test Point 报告	.cam	IPC 网表文件，用于 PCB 生产测试
BOM 清单	.csv 或者 .xls	单板加工的物料单，可用于物料采购、PCB 生产
PDF 图纸	.pdf	用于设计或生产方便查看图纸

操作方法

1. 工程的创建

1）创建元件库

新建原理图库文件 STM32.schlib 和 PCB 封装库文件 STM32.pcblib。

创建元件列表如表 7 - 2 所示。

表 7 - 2　STM32 开发板元件列表

元件	描述	封装
BATT	电池	BATM
C	无极性电容	0603P
CAP	有极性电容	CC6.56.5
Diode	二极管	DIODE _ SOP
DS	LED 灯	SMDLED
Header 2	2 - pin 接口	HDR1×2
Header 25	25 - pin 接口	HDR1×25
Header 6	6 - Pin 接口	HDR1×6
Header 16	16 - Pin 接口	HDR1×16
Header 3×2	双列 3 - Pin，接口	HDR2×3

续表

元件	描述	封装
S8050	NPN	SOT－23R
S8550	PNP	SOT－23R
Res2	电阻	0603P
SW－PB	按键开关	KEY＿M
STM32F103	CPU	LQFP64L
CH340G	USB 转串口芯片	SOP16
USB	USB 接口	USB/SM0.8－6H5
JTAG	JTAG 接口	JTAG＿20
BUTTON	开关	BTN8.5×8.5
AMS1117	电源芯片	AMS1117
HS0038	红外传感器	HS0038
24C02	EEPROM	SOP－8
DS18B20	温度传感器	DS18B20
SD＿CARD	SD 卡槽	SDCARD＿L
TFT＿LCD	LCD 接口	LCD
NRF24L01	无线通信接口	NRF24L01
W25Q64	FLASH 芯片	SOIC－8
XTAL	晶振	XTAL＿US

2）绘制原理图

新建原理图文件 STM32＿A.sch 和 STM32＿B.sch，参考图 7－24 和图 7－25 绘制。

原理图绘制完成后应编译工程检查错误，修改直至无误后，新建 PCB 文件，保存为 STM32.PcbDoc。

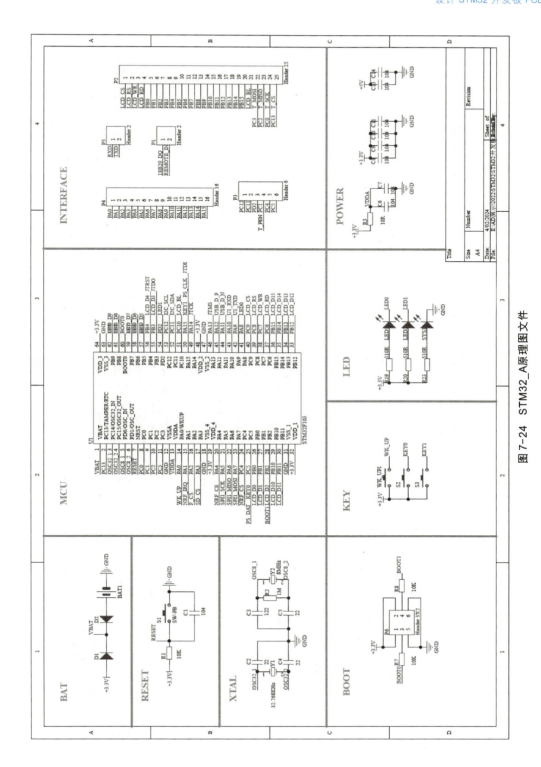

图 7-24 STM32_A原理图文件

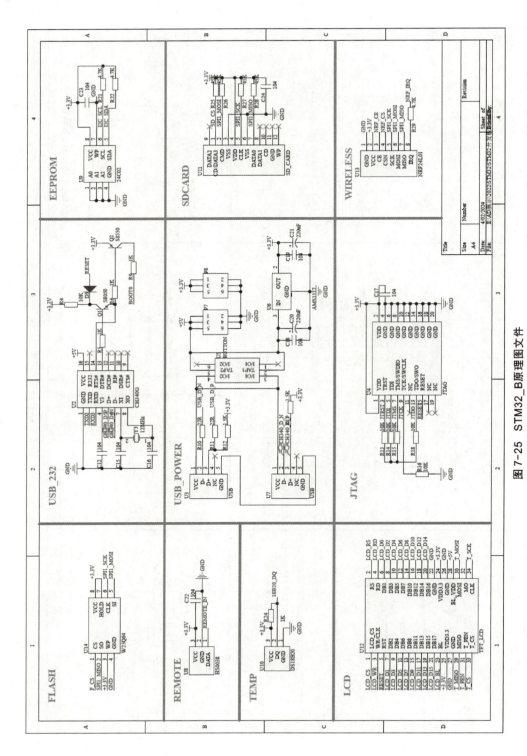

图 7-25　STM32_B原理图文件

3)导入 PCB

（1）单击菜单栏"设计"→"Update PCB Document"导入原理图，如果导入发现错误，如图 7-26 所示，单击"报告变更"。

图 7-26　"工程变更指令"对话框

（2）输出界面如图 7-27 所示，然后单击"导出"，如图 7-28 所示，保存为 .xls 文件。

（3）打开文件，如图 7-29 所示，可对照检查错误修改，直至没有错误，导入成功，如图 7-30 所示。

报告预览

Change Order Report For Proj STM32.PrjPcb And STM32.PrjPcb

Actio Object	Change Document	Status
Add Components		
Add BAT1	To J.PcbDoc	
Add C1	To J.PcbDoc	
Add C2	To J.PcbDoc	
Add C3	To J.PcbDoc	
Add C4	To J.PcbDoc	
Add C5	To J.PcbDoc	
Add C6	To J.PcbDoc	
Add C7	To J.PcbDoc	
Add C8	To J.PcbDoc	
Add C9	To J.PcbDoc	
Add C10	To J.PcbDoc	
Add C11	To J.PcbDoc	
Add C12	To J.PcbDoc	
Add C13	To J.PcbDoc	
Add C14	To J.PcbDoc	
Add C15	To J.PcbDoc	
Add C16	To J.PcbDoc	
Add C17	To J.PcbDoc	
Add C18	To J.PcbDoc	
Add C19	To J.PcbDoc	
Add C20	To J.PcbDoc	
Add C21	To J.PcbDoc	
Add C22	To J.PcbDoc	
Add C23	To J.PcbDoc	
Add C24	To J.PcbDoc	
Add D1	To J.PcbDoc	
Add D2	To J.PcbDoc	
Add D3	To J.PcbDoc	
Add LED1	To J.PcbDoc	
Add LED2	To J.PcbDoc	
Add P1	To J.PcbDoc	
Add P2	To J.PcbDoc	
Add P3	To J.PcbDoc	
Add P4	To J.PcbDoc	
Add P5	To J.PcbDoc	
Add P6	To J.PcbDoc	
Add P7	To J.PcbDoc	
Add P8	To J.PcbDoc	
Add Q1	To J.PcbDoc	
Add Q2	To J.PcbDoc	
Add R1	To J.PcbDoc	
Add R2	To J.PcbDoc	
Add R3	To J.PcbDoc	
Add R4	To J.PcbDoc	
Add R5	To J.PcbDoc	
Add R6	To J.PcbDoc	
Add R7	To J.PcbDoc	
Add R8	To J.PcbDoc	
Add R9	To J.PcbDoc	
Add R10	To J.PcbDoc	
Add R11	To J.PcbDoc	
Add R12	To J.PcbDoc	
Add R13	To J.PcbDoc	
Add R14	To J.PcbDoc	
Add R15	To J.PcbDoc	
Add R16	To J.PcbDoc	
Add R17	To J.PcbDoc	
Add R18	To J.PcbDoc	
Add R19	To J.PcbDoc	
Add R20	To J.PcbDoc	
Add R21	To J.PcbDoc	
Add R22	To J.PcbDoc	
Add R23	To J.PcbDoc	
Add R24	To J.PcbDoc	
Add R25	To J.PcbDoc	
Add R26	To J.PcbDoc	
Add R27	To J.PcbDoc	

蓝图— 8-4.5-09/2024 10:58:51 AM   Page 1 of 4

Page 1 of 4

全部 (A)   宽度(W) (W)   100%   54 %   ◀ 1 ▶

导出 (E)...   打印 (P)...   打开报告 (O)...   关闭 (C)

图 7-27 "报告预览"窗口

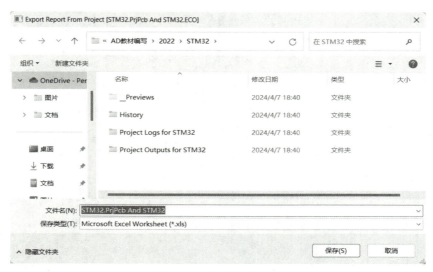

图 7 - 28   报告保存窗口

Change Order Report For Project STM32开发板.PriPcb And STM32开发板.PriPcb

Action	Object	Change Document		Status
Add Pins To Nets				
Add	U1-1 to VBAT	In	PCB4.PcbDoc	Unknown Pin: Pin U1-1
Add	U1-2 to PC13	In	PCB4.PcbDoc	Unknown Pin: Pin U1-2
Add	U1-3 to OSC32_1	In	PCB4.PcbDoc	Unknown Pin: Pin U1-3
Add	U1-4 to OSC32_2	In	PCB4.PcbDoc	Unknown Pin: Pin U1-4
Add	U1-5 to OSC8_1	In	PCB4.PcbDoc	Unknown Pin: Pin U1-5
Add	U1-6 to OSC8_2	In	PCB4.PcbDoc	Unknown Pin: Pin U1-6
Add	U1-7 to RESET	In	PCB4.PcbDoc	Unknown Pin: Pin U1-7
Add	U1-8 to PC0	In	PCB4.PcbDoc	Unknown Pin: Pin U1-8
Add	U1-9 to PC1	In	PCB4.PcbDoc	Unknown Pin: Pin U1-9
Add	U1-10 to PC2	In	PCB4.PcbDoc	Unknown Pin: Pin U1-10
Add	U1-11 to PC3	In	PCB4.PcbDoc	Unknown Pin: Pin U1-11
Add	U1-12 to GND	In	PCB4.PcbDoc	Unknown Pin: Pin U1-12
Add	U1-13 to GND	In	PCB4.PcbDoc	Unknown Pin: Pin U1-13
Add	U1-14 to PA0	In	PCB4.PcbDoc	Unknown Pin: Pin U1-14
Add	U1-15 to NRF_IRQ	In	PCB4.PcbDoc	Unknown Pin: Pin U1-15
Add	U1-16 to F_CS	In	PCB4.PcbDoc	Unknown Pin: Pin U1-16
Add	U1-17 to PA3	In	PCB4.PcbDoc	Unknown Pin: Pin U1-17
Add	U1-18 to GND	In	PCB4.PcbDoc	Unknown Pin: Pin U1-18
Add	U1-19 to +3.3V	In	PCB4.PcbDoc	Unknown Pin: Pin U1-19
Add	U1-20 to NRF_CE	In	PCB4.PcbDoc	Unknown Pin: Pin U1-20
Add	U1-21 to PA5	In	PCB4.PcbDoc	Unknown Pin: Pin U1-21
Add	U1-22 to PA6	In	PCB4.PcbDoc	Unknown Pin: Pin U1-22
Add	U1-23 to PA7	In	PCB4.PcbDoc	Unknown Pin: Pin U1-23
Add	U1-24 to NRF_CS	In	PCB4.PcbDoc	Unknown Pin: Pin U1-24
Add	U1-25 to KEY0	In	PCB4.PcbDoc	Unknown Pin: Pin U1-25
Add	U1-26 to LCD_D0	In	PCB4.PcbDoc	Unknown Pin: Pin U1-26
Add	U1-27 to LCD_D1	In	PCB4.PcbDoc	Unknown Pin: Pin U1-27
Add	U1-28 to BOOT1	In	PCB4.PcbDoc	Unknown Pin: Pin U1-28
Add	U1-29 to LCD_D10	In	PCB4.PcbDoc	Unknown Pin: Pin U1-29
Add	U1-30 to LCD_D11	In	PCB4.PcbDoc	Unknown Pin: Pin U1-30

图 7 - 29   错误报告

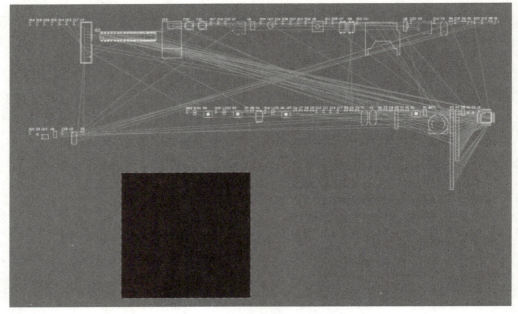

图 7 - 30　原理图导入 PCB

2. PCB 绘制

1) 板框绘制

（1）自定义板框。本项目 PCB 要求板子形状为边长 10 cm 的正方形，将板框放置在 Keep-Out Layer 层。

①单击层标签切换到"Keep-Out Layer"层，然后单击如图 7 - 31 所示工具放置"线条"，在界面绘制一个边长 10 cm 的闭合正方形。

图 7 - 31　工具图标命令

②选中全部边框，单击菜单栏中"设计"→"板子形状"→"按照选择对象定义"命令裁板。

③切换到"Mechanical 1"层，单击菜单栏中"放置"→"尺寸"→"线性尺寸"命令，单位和模式选择"mm"，放置尺寸如图 7-32 所示。

图 7-32   板子尺寸图

（2）板框原点的设置。PCB 坐标原点一般设置在板子左下角。执行菜单栏中"编辑"→"原点"→"设置"命令，将坐标原点设置在板子左下角，如图 7-33 所示。

图 7-33   板子原点放置左下角

（3）板子四周倒角。使用工具"放置圆弧（边沿）"如图 7 - 34 所示在板子四周放置四个圆弧，如图 7 - 35 所示，然后调整边框边沿长度，形成闭合图形。然后全选边框，再次裁板。

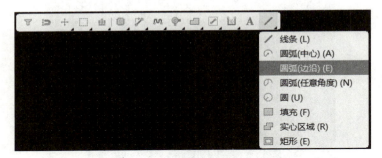

图 7 - 34 　放置圆弧（边沿）工具

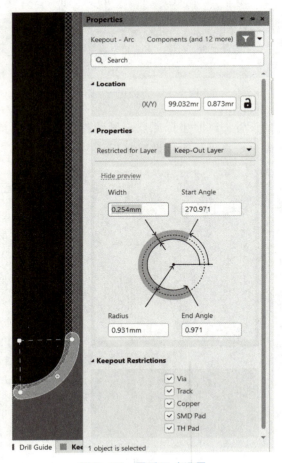

图 7 - 35 　圆弧尺寸设置

（4）定位孔设置。在板子四周放置焊盘作为安装孔。修改焊盘尺寸，如图 7 – 36 所示。

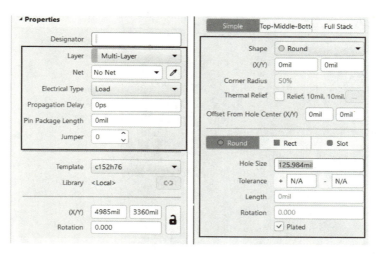

图 7 – 36　焊盘尺寸设置

2）模块化布局

按照项目要求，先摆放有固定结构位置的接口或者元件，然后根据元件信号流向摆放元件，按照"先大后小、先难后易"的顺序，在板内对元件进行预布局。

（1）首先放置固定元件如图 7 – 37 所示，然后双击器件，显示器件属性，将"Location"上锁，器件位置锁定，如图 7 – 38 所示。

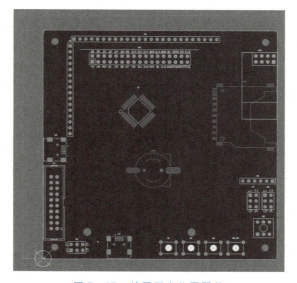

图 7 – 37　放置固定位置器件

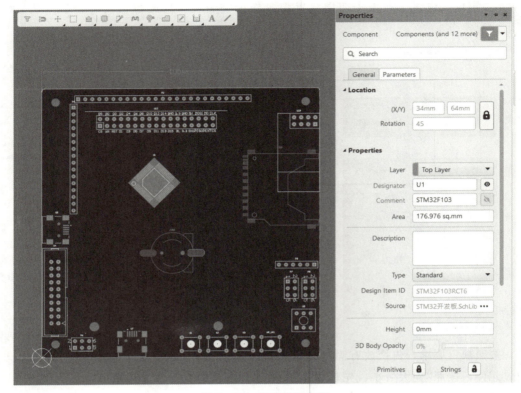
图 7-38　锁定器件位置

(2)在原理图上选择其中一个模块的所有元器件，如图 7-39 所示。这时，PCB 上与原理图对应的元件都被选中，如图 7-40 所示。将同一模块的器件移动布局，如图 7-41所示。

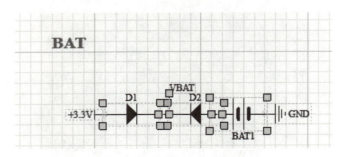
图 7-39　勾选原理图模块

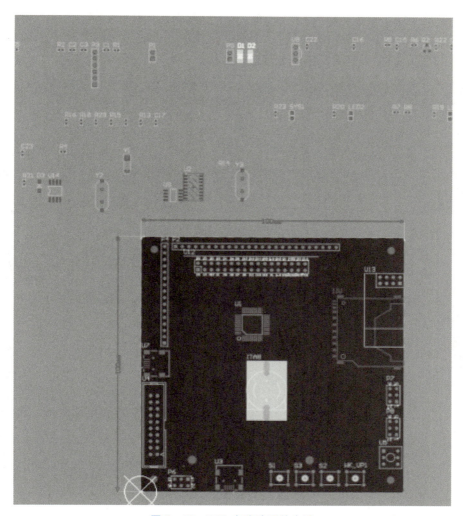

图 7 - 40 PCB 中移动元件布局

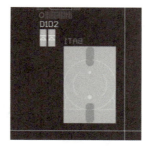

图 7 - 41 PCB 中显示对应原理图模块

（3）如果元件比较多，还可以执行菜单命令"工具"→"器件摆放"→"在矩形区域排列"，在 PCB 上勾选一块区域，这时这个功能模块的元件都会排列到这个框选范围内，如图 7-42 所示。将所有功能模块进行快速分块。

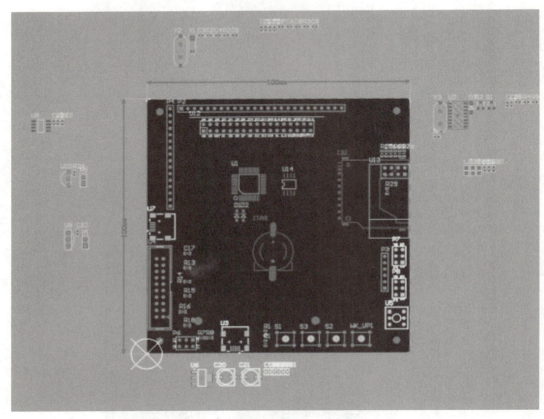

图 7-42 "在矩形区域排列"效果

最后调整 STM32 开发板布局，如图 7 - 43 所示。

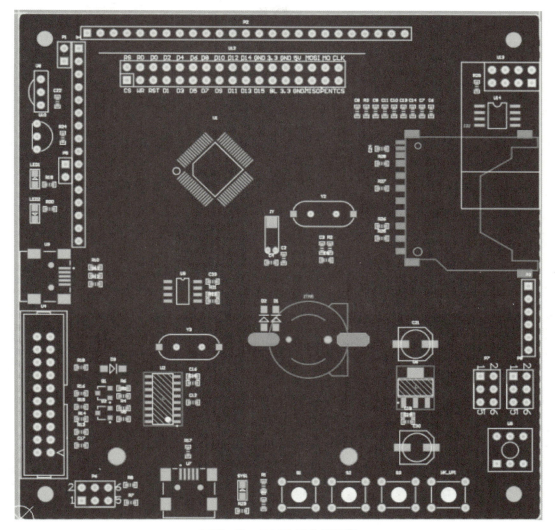

图 7 - 43　STM32 开发板布局

3）布线

布线应遵循先难后易、先短后长的原则，先布信号线再布电源线。

布线前，需要先设置好规则。根据需要对电路板上的电源类走线或信号线进行分类。

（1）创建电源类"power"。单击菜单"设计"→"类"新建类"power"，添加电源类网络，如图 7 - 44 所示。

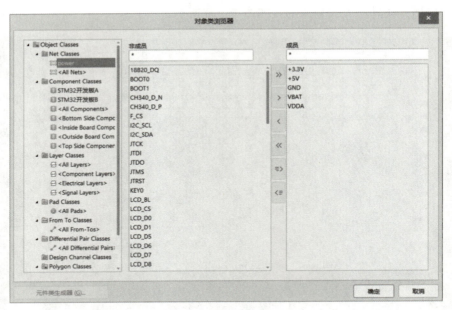

图 7 - 44 新建电源类

（2）设置安全间距。设置整板安全间距为 8 mil，铜皮与其他不同网络元素对象间距为 10 mil。按快捷键"D+R"，打开"PCB 规则及约束编辑器"修改参数如图 7 - 45 所示。

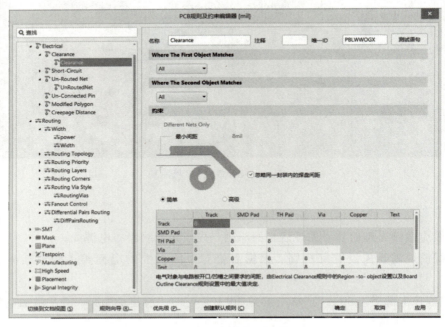

图 7 - 45 安全间距设置

(3)设置线宽。电源线宽"Width"设置为 10 mil 以上，如图 7 - 46 所示。信号线宽设置为 8 mil，如图 7 - 47 所示。

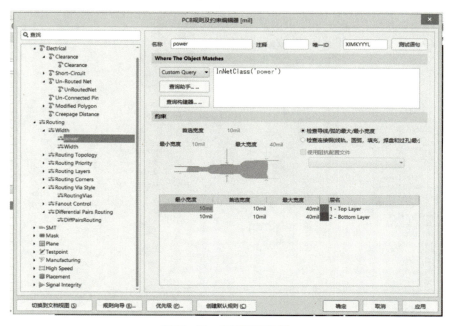

图 7 - 46　电源线宽设置

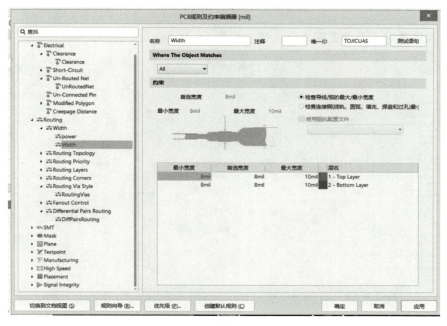

图 7 - 47　信号线宽设置

(4)设置过孔。过孔大小为 10 mil 或 20 mil，如图 7 - 48 所示。

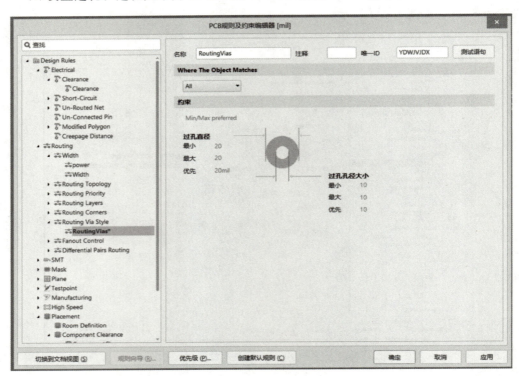

图 7 - 48　过孔大小设置

(5)设置敷铜。设置敷铜为全连接，如图 7 - 49 所示。

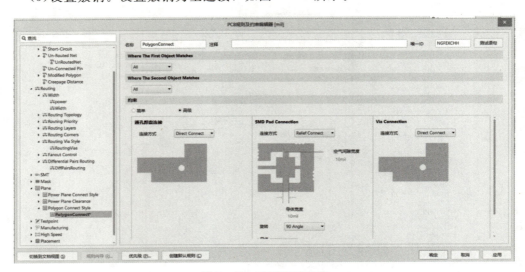

图 7 - 49　敷铜参数设置

(6)布线。布线可分为两步：先连短线，即模块内部连线；再连长线，即模块间的长信号线、电源线。整板走线应简洁，避免锐角走线，长信号线根据需要预放置过孔，电源线和信号线保持一定间距，防止信号干扰。布线情况如图 7－50 所示。

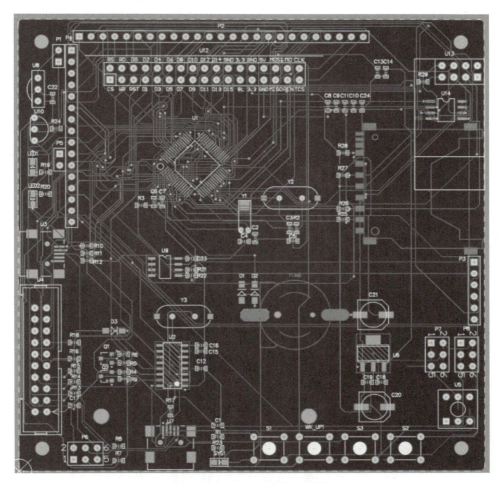

图 7－50　STM32 开发板走线情况

4)滴泪及敷铜

(1)添加滴泪可以加强走线与焊盘的机械强度，在电路板受到外力冲击时，避免走线和焊盘脱开，单击菜单栏"工具"→"泪滴"设置，如图 7－51 所示。

(2)整板大面积敷铜可起到屏蔽信号干扰作用，与地线相接，减少环路面积和地线阻抗。按快捷键"T＋G＋M"。设置敷铜连接网络"GND"，设置到"Bottom Layer"层。添加敷铜效果如图 7－52 所示。

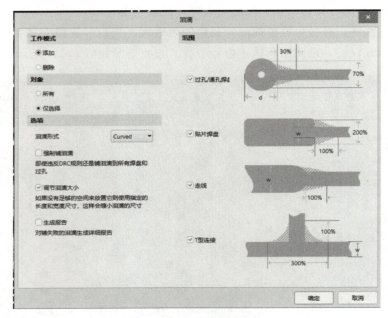

图 7-51　滴泪参数设置

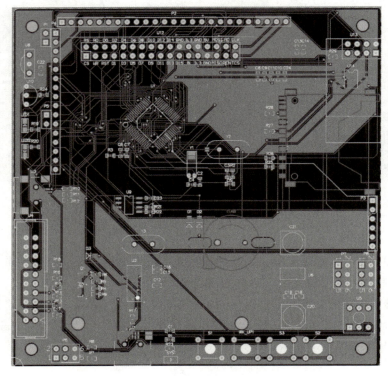

图 7-52　添加敷铜接地

5）后期处理

（1）DRC 检查。根据设置规则，对 PCB 的各个方面进行检查，主要规避开路、短路等重大设计缺陷，以保证后期正确的文件输出。

按快捷键"T＋D"，进入"设计规则检查器"对话框，勾选"Electrical"中的所有选项，如图 7－53 所示。单击"运行 DRC"按钮即可生成 DRC 报告。若有错误，需修改到无错误或者错误可忽略为止。

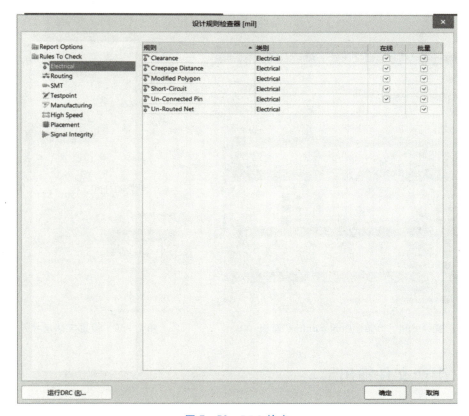

图 7－53　DRC 检查

（2）器件位号注释调整。调整板子上的位号和注释，便于装配器件时查看。按快捷键"L"，在弹出的"View Configuration"面板中只显示丝印层和对应的阻焊层，如图 7－54所示。

调整原则：

①焊盘、过孔不覆盖字符。

②字符的方向统一，一般从左到右、从下到上。

③根据具体情况设置字体尺寸，如图 7－55 所示，30 mil 才能较为清晰。

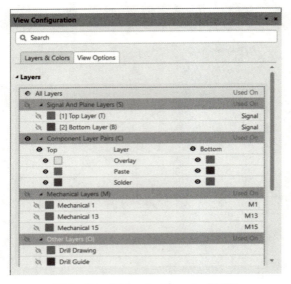

图 7 - 54 "View Configuration"面板

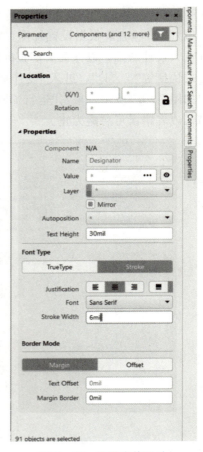

图 7 - 55 设置字体尺寸

3. 生产文件输出

1)位号文件输出

(1)单击菜单栏"文件"→"智能 PDF"命令，或者按快捷键"F＋M"，弹出如图 7 - 56 所示窗口。

(2)单击"Next"下一步，勾选"当前文档"，在"输出文件名称下"可修改输出路径和文件名，单击"Next"，如图 7 - 57 所示。

图 7-56 "智能 PDF"对话框

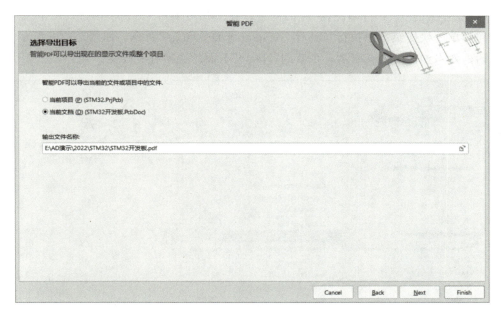

图 7-57 "选择导出目标"对话框

（3）在弹出的"导出 BOM 表"对话框中取消勾选"导出原材料的 BOM 表"，如图 7-58 所示，单击"Next"。

Altium Designer 电路设计与制作

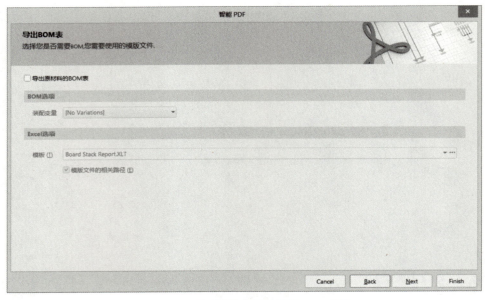

图 7-58　取消"导出原材料的 BOM 表"

(4)在弹出的"PCB 打印设置"对话框中，在"Multilayer Composite Print"位置处右击，在弹出的快捷菜单中执行"Create Assembly Drawings"命令，如图 7-59 所示。弹出对话框效果如图 7-60 所示，可看到"Name"下面的选项有所改变。

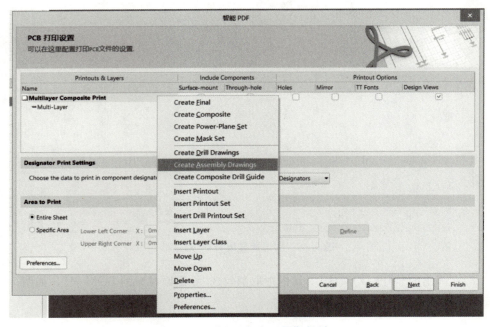

图 7-59　"PCB 打印设置"对话框

· 216 ·

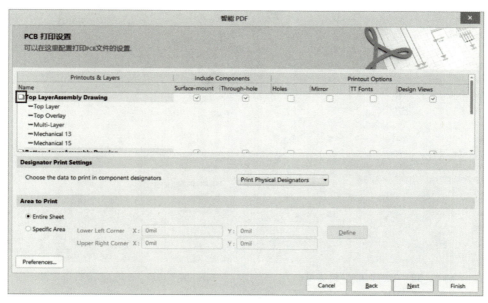

图 7-60　修改打印层

(5)按照图 7-58 所示，双击左侧"Top Layer Assembly Drawing"前面的白色图标口，在弹出的"打印输出特性"对话框中，对"Top"层进行打印输出设置，如图 7-61 所示。在"层"选项组中保留"Top Overlay"，然后单击"添加"弹出"板层属性"对话框如图 7-62所示，选择"Keep-Out Layer"层，单击"是"。使用同样的方法设置"Bottom"层，如图 7-63 所示。

图 7-61　"打印输出特性"对话框

图 7 - 62 "板层属性"对话框

图 7 - 63 Bottom 层打印设置

（6）最终设置如图 7 - 64 所示，底层装配勾选"Mirror"，单击"Next"。

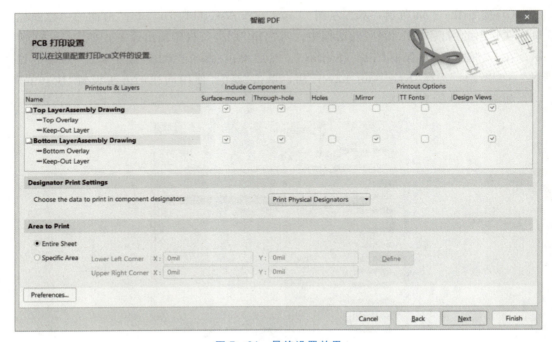

图 7 - 64 最终设置效果

（7）在"添加打印设置"对话框中，设置"PCB 颜色模式"为"单色"，如图 7 - 65 所示，然后单击"Next"。

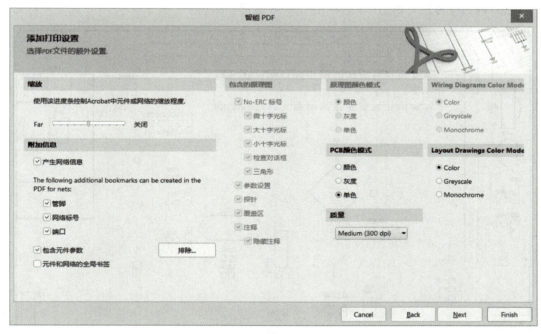

图 7-65 "添加打印设置"对话框

（8）在"最后步骤"中保持默认选择，如图 7-66 所示。单击"Finish"完成。

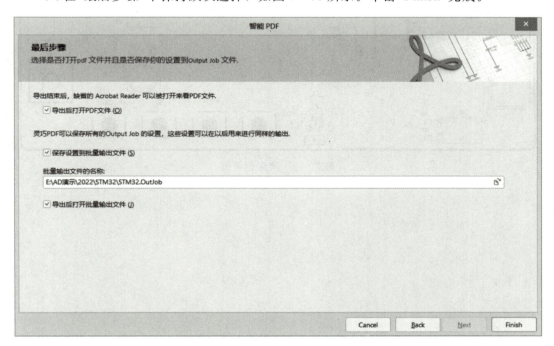

图 7-66 完成 PDF 文件输出

(9)输出位号图，如图 7 - 67 和图 7 - 68 所示。

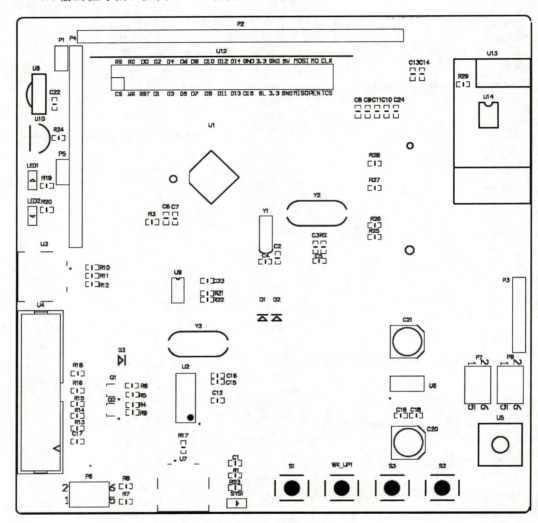

图 7 - 67 顶层位号图

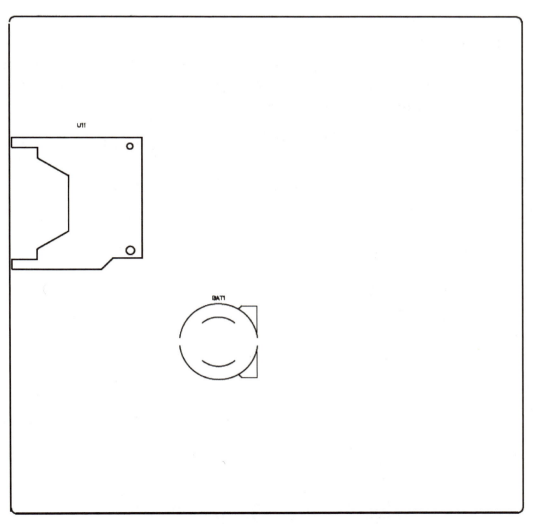

图 7 - 68　底层位号图

2)阻值图输出

（1）隐藏元件位号。

①按快捷键"L"，设置只打开"Top Overlay"和"Top Solder"层。勾选任一电阻，单击右键"查找相似对象"，如图7-69所示，第一行"Kind"列表中的"Object Kind"为设置"Same"，然后单击"确定"，勾选所有元件。

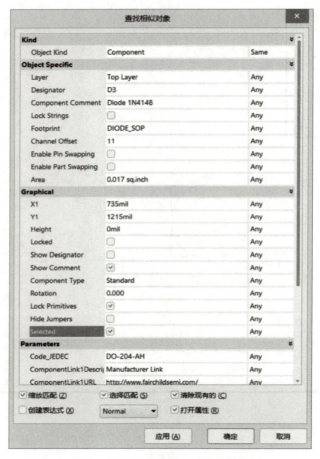

图7-69　"查找相似对象"对话框

②在右侧元件属性面板中设置隐藏"Designator"，显示"Comment"，单击"确定"，如图 7-70 所示。将所有元件的位号隐藏，显示阻值。

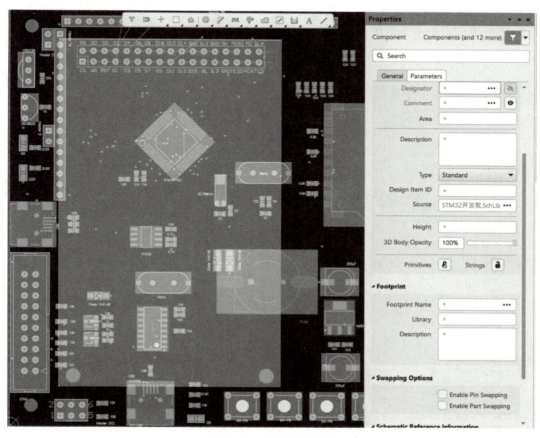

图 7-70　元件属性面板

Altium Designer **电路设计与制作**

（2）设置阻值显示样式。

①选中任意元件阻值，右键单击，选择"查找相似对象"，如图 7 - 71 所示，将"Object Kind"和"String Type"都设置为"Same"，单击"确定"，勾选所有"Comment"。

②设置显示大小、字体，如图 7 - 72 所示。

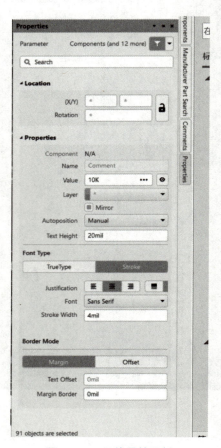

图 7 - 71　"查找相似对象"对话框　　　　图 7 - 72　元件属性面板

③输出阻值图（即元件注释图）方法和位号图一致。输出图效果如图 7 - 73、图 7 - 74所示。

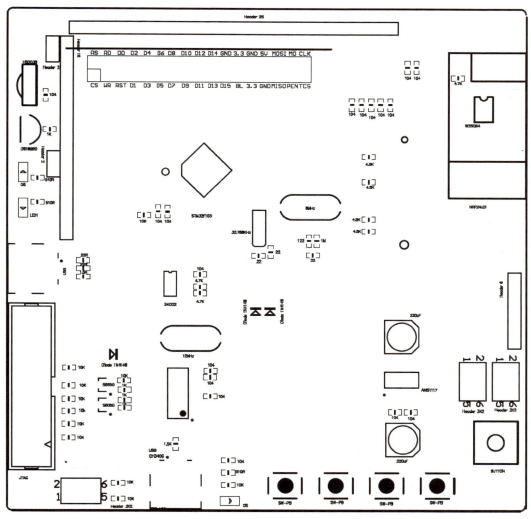

图 7 - 73　顶层阻值图

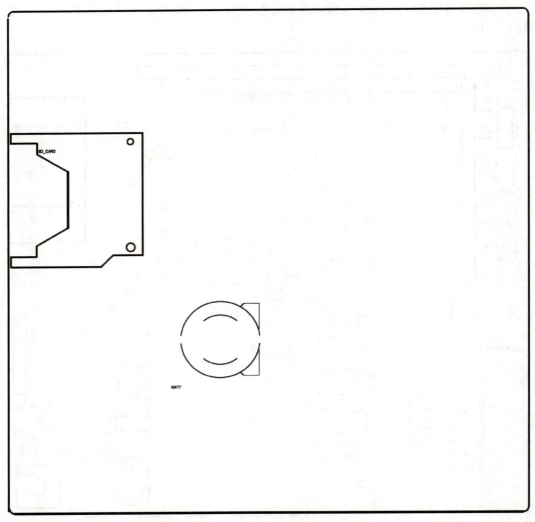

图 7-74 底层阻值图

3)Gerber 文件输出

Gerber 文件用于 PCB 生产、驱动光绘机的文件。当完成 PCB 电路图文件之后，需要打样制作时，可以直接生成 Gerber 文件，发给 PCB 生产厂家。

(1)输出 Gerber 文件。

①在 PCB 编辑界面中，单击菜单栏中的"文件"→"制造输出"→"Gerber Files"命令，如图 7 - 75 所示。

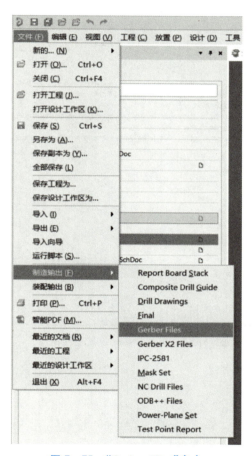

图 7 - 75　"Gerber Files"命令

②在弹出的"Gerber 设置"对话框中选择"通用"选项卡，"单位"选择"英寸"，格式选择"2：4"，如图 7 - 76 所示。

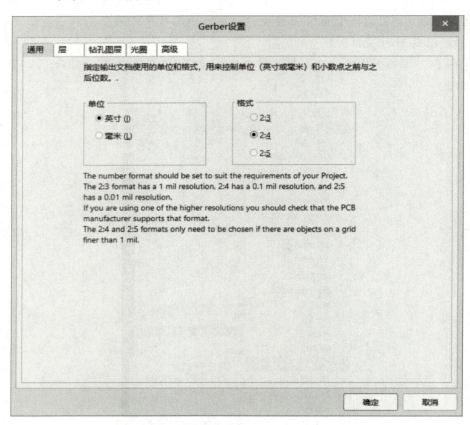

图 7 - 76　Gerber 设置对话框

③切换到"层"选项卡，在"绘制层"下拉列表中选择"选择使用的"选项，在"镜像层"下拉列表框中选择"全部去掉"选项。勾选"包括未连接的中间层焊盘"复选框。然后检查需要输出的层，如图 7-77 所示。

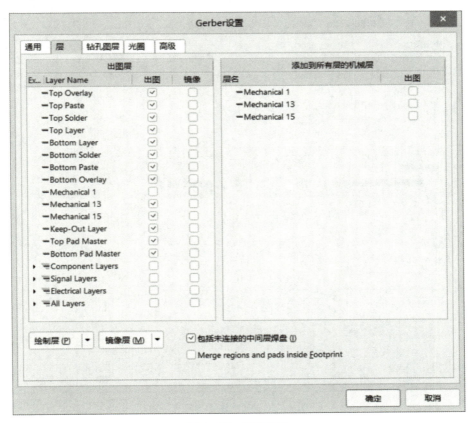

图 7-77　层选项卡

④切换到"钻孔图层"选项卡，选择要用到的层，在"钻孔图"和"钻孔向导图"选项组选"输出所有使用的钻孔对"复选框，其他项保持默认设置，如图 7 - 78 所示。

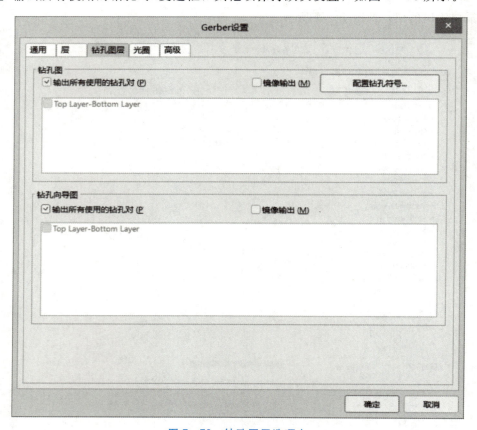

图 7 - 78　钻孔图层选项卡

⑤切换到"光圈"选项卡，勾选"嵌入的孔径（RS274X）"复选框，其他项保持默认设置，如图 7 - 79 所示。

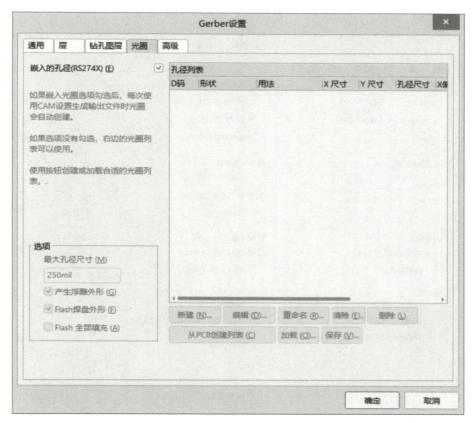

图 7 - 79　光圈选项卡

⑥切换到"高级"选项卡，将"胶片规则"设置为如图7-80所示数值（可在末尾增加"0"，以增加文件输出面积），其他项保持默认值即可。至此，Gerber Files 的设置结束，单击"确定"按钮。Gerber Files 输出预览如图7-81所示。

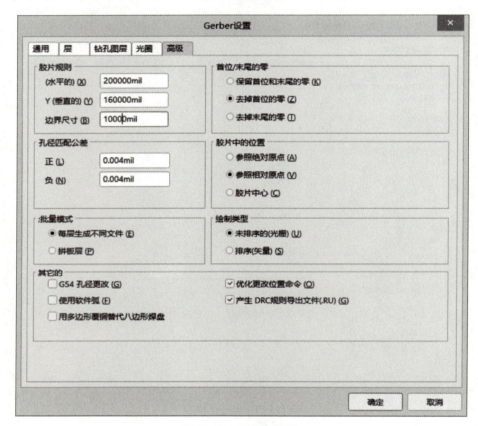

图 7-80　高级选项卡

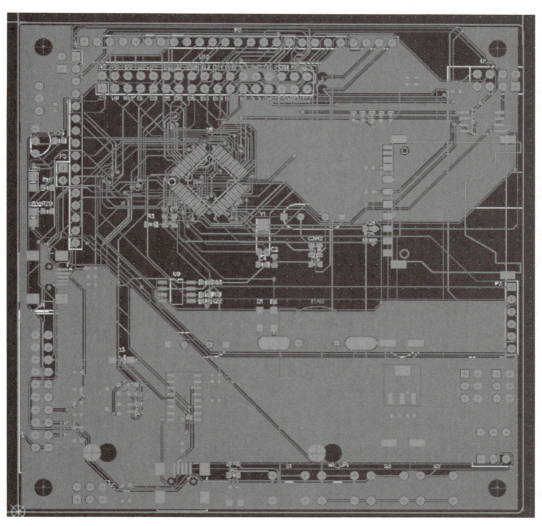

图 7 - 81　Gerber 文件输出预览

(2)输出 NC Drill Files(钻孔文件)。

①在 PCB 编辑界面中，单击菜单栏中的"文件"→"制造输出"→"NC Drill Files"命令进行过孔和安装孔的输出设置，如图 7－82 所示。

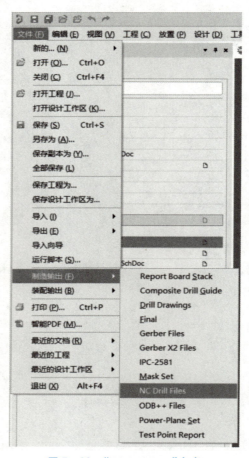

图 7－82 "NC Dill Files"命令

②如图 7 - 83 所示，设置"单位"为"英寸"，"格式"为"2：5"，单击"确定"。

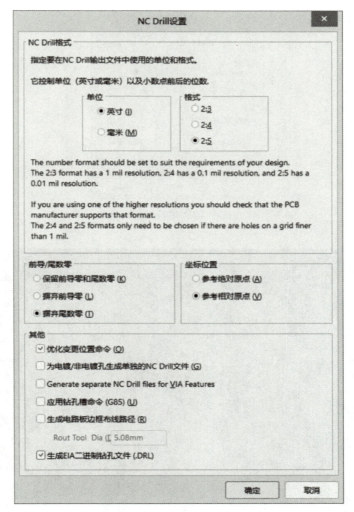

图 7 - 83 "NC Dill 设置"对话框

③弹出"导入钻孔数据"对话框，单击"确定"，如图 7 - 84 所示。输出效果如图 7 - 85 所示。

图 7 - 84 导入钻孔数据对话框

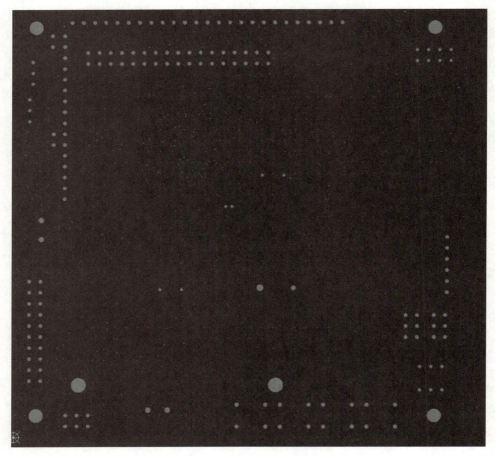

图 7 - 85 钻孔文件输出效果

（3）输出 Test Point Report（IPC 网表文件）。

①在 PCB 编辑界面中，单击菜单栏中的"文件"→"制造输出"→"Test Point Report"命令，如图 7 - 86 所示。

②弹出"Fabrication Testpoint Setup"对话框，修改设置如图 7 - 87 所示，单击"确定"。弹出"导入钻孔数据"对话框，如图 7 - 88 中单击"确定"，输出效果如图 7 - 89 所示。

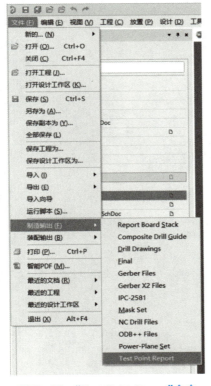

图 7 - 86 "Test Point Report"命令

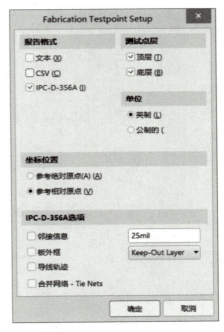

图 7 - 87 "Fabrication Testpoint Setup"对话框

图 7 - 88 "导入钻孔数据"对话框

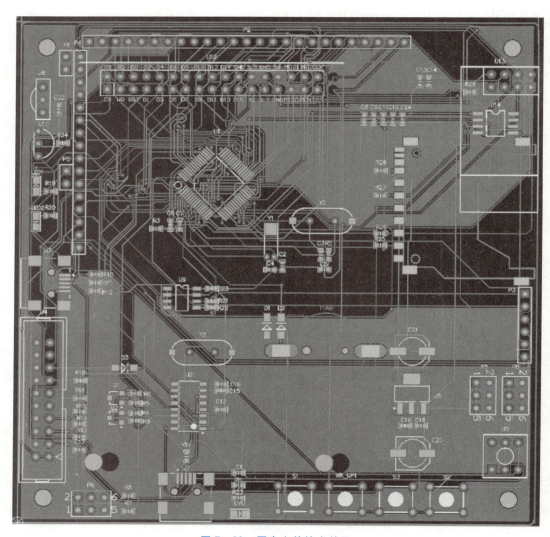

图 7 - 89 网表文件输出效果

（4）输出 Generates pick and place files（坐标文件）。

①在 PCB 编辑界面中，单击菜单栏中的"文件"→"装配输出"→"Generates pick and place files"命令，如图 7 - 90 所示。

图 7 - 90　输出坐标图命令

②弹出对话框设置"单位"→"英制"，"格式"→"CSV"，其他配置如图 7 - 91 所示，单击"确定"。

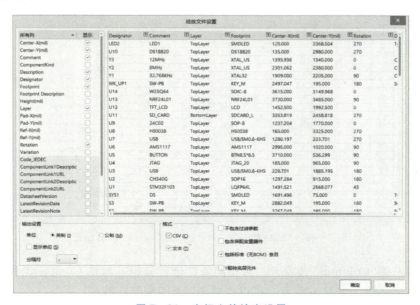

图 7 - 91　坐标文件输出设置

Gerber 文件输出完成，一共输出 3 个 .cam 文件，直接关闭即可。所有文件都保存至工程目录下的"Project Outputs for"文件夹中，打包发给生产厂家。

4）BOM 清单输出

BOM 清单包含单板上所有元件的个数和种类信息，输出 BOM 清单，可方便采购元件、备货。

①单击菜单栏中"报告"→"Bill of Materials"，如图 7-92 所示，打开"Bill of Materials for PCB Document"对话框如图 7-93 所示。

图 7-92 BOM 清单命令

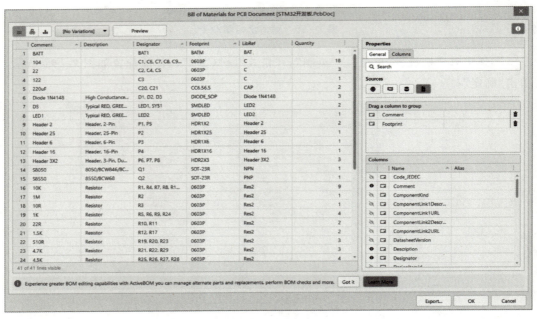

图 7-93 "Bill of Materials for PCB Document"对话框

②单击右侧"Columns"选项卡，对相同条件进行分组，默认 Comment 和 Footprint 相同的会分为一组。如果不需要，可以点后面的 🗑 图标删除即可。

③选择导出文件格式为 .xls 文件，如图 7-94 所示，单击"Export"。

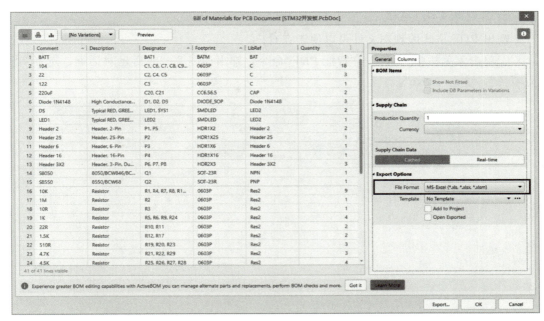

图 7-94　输出文件设置

④在"另存为"对话框，单击"保存"。输出 BOM 文件效果如图 7-95 所示。

	A	B	C	D	E	F
1	Comment	Description	Designator	Footprint	LibRef	Quantity
2	BATT		BAT1	BATM	BAT	1
3	104		C1, C6, C7, C8, C9, C10	0603P	C	18
4	22		C2, C4, C5	0603P	C	3
5	122		C3	0603P	C	1
6	220uF		C20, C21	CC6.56.5	CAP	2
7	Diode 1N4148	High Conductance Fa	D1, D2, D3	DIODE_SOP	Diode 1N4148	3
8	DS	Typical RED, GREEN,	LED1, SYS1	SMDLED	LED2	2
9	LED1	Typical RED, GREEN,	LED2	SMDLED	LED2	1
10	Header 2	Header, 2-Pin	P1, P5	HDR1X2	Header 2	2
11	Header 25	Header, 25-Pin	P2	HDR1X25	Header 25	1
12	Header 6	Header, 6-Pin	P3	HDR1X6	Header 6	1
13	Header 16	Header, 16-Pin	P4	HDR1X16	Header 16	1
14	Header 3X2	Header, 3-Pin, Dual r	P6, P7, P8	HDR2X3	Header 3X2	3
15	S8050	8050/BCW846/BCW8	Q1	SOT-23R	NPN	1
16	S8550	8550/BCW68	Q2	SOT-23R	PNP	1
17	10K	Resistor	R1, R4, R7, R8, R13, R	0603P	Res2	9
18	1M	Resistor	R2	0603P	Res2	1
19	10R	Resistor	R3	0603P	Res2	1
20	1K	Resistor	R5, R6, R9, R24	0603P	Res2	4
21	22R	Resistor	R10, R11	0603P	Res2	2
22	1.5K	Resistor	R12, R17	0603P	Res2	2
23	510R	Resistor	R19, R20, R23	0603P	Res2	3
24	4.7K	Resistor	R21, R22, R29	0603P	Res2	3
25	4.5K	Resistor	R25, R26, R27, R28	0603P	Res2	4

STM32

图 7-95　输出 BOM 文件

5）原理图 PDF 输出

输出 PDF 格式原理图文件可以便于查看。

①单击菜单栏中"文件"→"智能 PDF"命令，弹出如图 7－96 所示对话框，选择"当前项目"，单击"Next"。

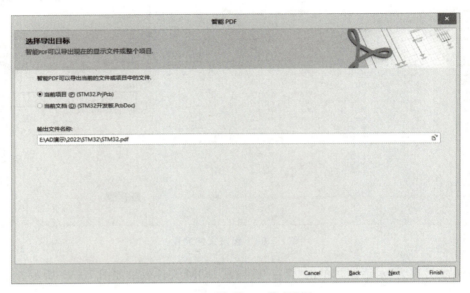

图 7－96 "智能 PDF"对话框

②勾选要导出的文件，单击"Next"，如图 7－97 所示。

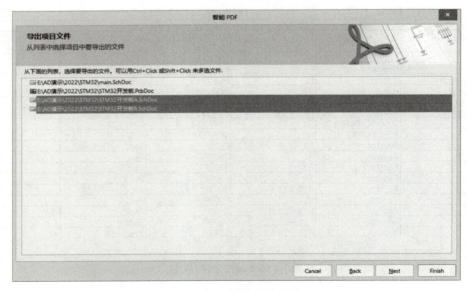

图 7－97 导出项目文件

③在弹出导入 BOM 表对话框中，取消勾选"导出原材料 BOM 表"，单击"Next"。

④在"添加打印设置"对话框中将原理图颜色模式设置为"颜色"，单击"Next"，如图 7-98 所示。

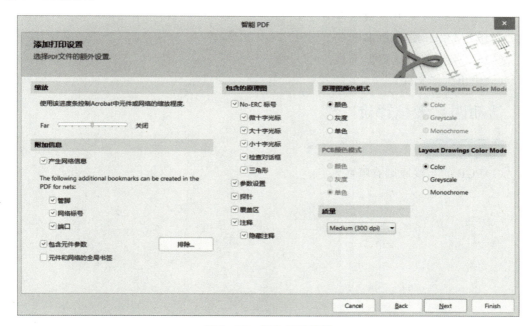

图 7-98　添加打印设置

⑤在"最后步骤"对话框中单击"Finish"，完成设置。

 学习引导

活动一　学习准备

(1)小组讨论，了解 STM32 开发板各部分功能模块原理图。

(2)小组分工，上网查阅 STM32 开发板上的器件资料、实物图片、原理图符号、封装尺寸，并整理汇总。

活动二　制订计划

(1)制订项目完成的时间计划，建议分成五阶段进行：元件库、原理图、PCB 布局、PCB 布线、生产文件输出。在完成任务过程中遇到问题，互相讨论解决，或请教老师和同学。

(2)在完成项目的过程中，互相帮助、互相学习，熟练掌握 PCB 的设计和制作方法。

活动三　任务实施

（1）制作 STM32 开发板的元件库。

（2）绘制 STM32 开发板原理图。

（3）STM32 开发板 PCB 布局。

（4）STM32 开发板 PCB 布线。

（5）输出生产文件。

活动四　考核评价

知识考核

（1）PCB 的布线原则有哪些？

（2）PCB 生产文件有哪些？

活动评价

自评：针对项目学习的收获、成长等，自己进行评价，填入表 7-3。

互评：小组成员根据同伴的协作学习、纪律遵守表现等，互相进行评价，填入表 7-3。

师评：教师根据项目完成度、活动参与度、规范遵守情况、学习效果等进行综合评价，填入表 7-3。

表 7-3 项目活动评价表

评价模块	评价标准	自评 (20%)	互评 (20%)	师评 (60%)
学习准备	熟悉 STM32 开发板的原理图(5 分)			
	整理元件资料(5 分)			
制订计划	能列出 PCB 布线注意事项(10 分)			
	能列出 PCB 生产文件(10 分)			
	能够积极与他人协商、交流(10 分)			
任务实施	能完成 STM32 开发板的原理图(15 分)			
	能完成 STM32 开发板 PCB 设计(15 分)			
	能输出 STM32 开发板 PCB 生产文件(15 分)			
	能够积极与他人合作(15 分)			
总成绩				